恐龍學校

人人出版

前言

　　大家好,我的名字叫「小紅豬」。

　　恐龍是早在人類出現以前,就在地球上生活過很長一段期間的動物。

　　雖然我們無緣看到恐龍當時的模樣,不過沉睡在地底的化石透露了牠們有著什麼樣的外觀、具有什麼樣的身體構造、吃什麼樣的食物過活等等,有助於我們了解恐龍的相關生態。

小紅豬

我與我的好朋友「小藍兔」將一起為大家介紹有趣的恐龍知識。

　　如果你因為讀了本書，立志在未來成為恐龍專家，別忘了跟我們分享唷！

2024年11月
小紅豬

小藍兔

目次

前言 ... 2
本書的特色 ... 8
角色介紹 ... 9

恐龍繪畫館

挑戰看看吧！恐龍謎題① ... 10
恐龍謎題①的答案 ... 12
挑戰看看吧！恐龍謎題② ... 14
恐龍謎題②的答案 ... 16
海中生物的大小比較 ... 18

第1節課 恐龍是什麼樣的動物？

01 恐龍出現於大約2億3000萬年前 ... 20
02 比現在更溫暖的恐龍時代 ... 22
03 最早橫行地球的霸主是鱷魚的祖先！ ... 24
04 巨型恐龍的食量是非洲象的4倍左右？ ... 26
05 白堊紀有很多種暴龍 ... 28
06 恐龍其實屬於爬蟲類 ... 30
07 雖然外觀不同，卻擁有同樣的骨骼構造！ ... 32
08 如果恐龍在現代街道上漫步……？ ... 34
09 經過8000萬年演化，全長增大30倍 ... 36
10 巨大化代表身體變重 ... 38
11 吊橋與恐龍有共同點 ... 40

下課時間 如何成為恐龍專家？ ... 42

12 暴龍短小的前肢有什麼用處？ ... 44
13 恐龍的移動速度很快嗎？ ... 46
14 暴龍的顎部連骨頭都能咬碎！ ... 48
15 嗅覺靈敏的暴龍 ... 50

下課時間 現代也有活生生的恐龍 ... 52

第 2 節課　恐龍圖鑑①～蜥臀目～

01 最接近鳥類的恐龍「獸腳亞目」／原始獸腳類、艾雷拉龍科 ... 54
02 虛形龍科、雙冠龍科、角鼻龍類 ... 56
03 尾巴堅硬的斑龍科、愛吃魚的棘龍科 ... 58
04 體型龐大且臉部有裝飾的肉食龍下目 ... 60
05 尖爪猶如彎鉤的大盜龍類 ... 62
06 在北美洲巨大化的暴龍總科 ... 64
07 小型肉食性恐龍美頜龍科 ... 70
08 外觀像鴕鳥的似鳥龍下目 ... 72
09 指爪宛如鐮刀的鐮刀龍下目 ... 74
10 單爪的阿瓦拉慈龍科、會孵蛋的偷蛋龍下目 ... 76
11 腳上也有利爪的馳龍科、頭腦聰明的傷齒龍科 ... 78
12 史上最大的陸地生物「蜥腳形亞目」／原蜥腳下目 ... 80
13 腿部彎曲的萊森龍科、小臉的馬門溪龍科 ... 82
14 牙齒形狀特殊的梁龍總科、圓頂龍科 ... 84
15 輕鬆覓食的腕龍科、活到最後的泰坦巨龍類 ... 86

下課時間 哪一種恐龍最接近鳥類的祖先？ ... 88

5

第 3 節課　恐龍是什麼樣的動物？

01 演化出鱗甲的「裝甲類」／皮薩諾龍屬、腿龍科 ... 90
02 背上有很多「劍板」的劍龍亞目 ... 92
03 全身披覆鎧甲的結節龍科 ... 96
04 尾巴就像棍棒的甲龍科 ... 100
05 擅長嚼食植物的「鳥腳亞目」／稜齒龍科 ... 104
06 顎部靈活的禽龍類 ... 106
07 嘴型形似鴨嘴獸的鴨嘴龍科 ... 108
08 頭部及臉部周圍花俏的「頭飾龍類」／厚頭龍科 ... 112
09 「臉上有角」的角龍科／原角龍科 ... 116
下課時間 變成化石的齒痕 ... 120

第 4 節課　恐龍時代的生物

01 過去有什麼生物在中生代的天空與海洋生活？ ... 122
02 翱翔天際的大型爬蟲類「翼龍」 ... 124
下課時間 為什麼翼龍飛得起來？ ... 128
03 「魚龍」是眼睛很大的海豚？ ... 130
04 在日本各地發現化石的「蛇頸龍」 ... 134
05 白堊紀晚期的海中霸王「滄龍」 ... 138
06 與恐龍活在同個時代的「同期生」 ... 140
07 也有會吃恐龍的早期哺乳類！ ... 142
下課時間 異常扭曲的菊石？ ... 144

第5節課　恐龍時代的終結、最新的恐龍研究

- 01 曾經充滿二氧化碳的中生代 ... 146
- 02 聖母峰的山頂有菊石化石 ... 148
- 03 遍布各個地區並持續演化的恐龍 ... 150
- 04 恐龍的時代在何時落幕？為什麼會結束？ ... 154
- 05 繼恐龍之後稱霸陸地的「恐鶴」 ... 156
- **下課時間** 大滅絕事件一共發生過5次！ ... 158
- 06 無法想像！缺氧狀態下該怎麼呼吸？ ... 160
- 07 無法想像！獸腳類是如何演化成鳥類？ ... 162
- 08 推估的恐龍形貌可能會改變 ... 164
- 09 恐龍的顏色並不是想像出來的？ ... 166
- 10 在日本發現的恐龍化石 ... 168
- **下課時間** 什麼是「學名」？ ... 170

 **十二年國教課綱對照表** ... 172

本書的特色

一個主題用2頁做介紹。除了主要的內容,還有告訴我們相關資訊的「筆記」以及能讓我們得到和主題相關小知識的「想知道更多」。

此外,在書中某些地方會出現收集有趣話題的「下課時間」,等著你去輕鬆瀏覽哦!

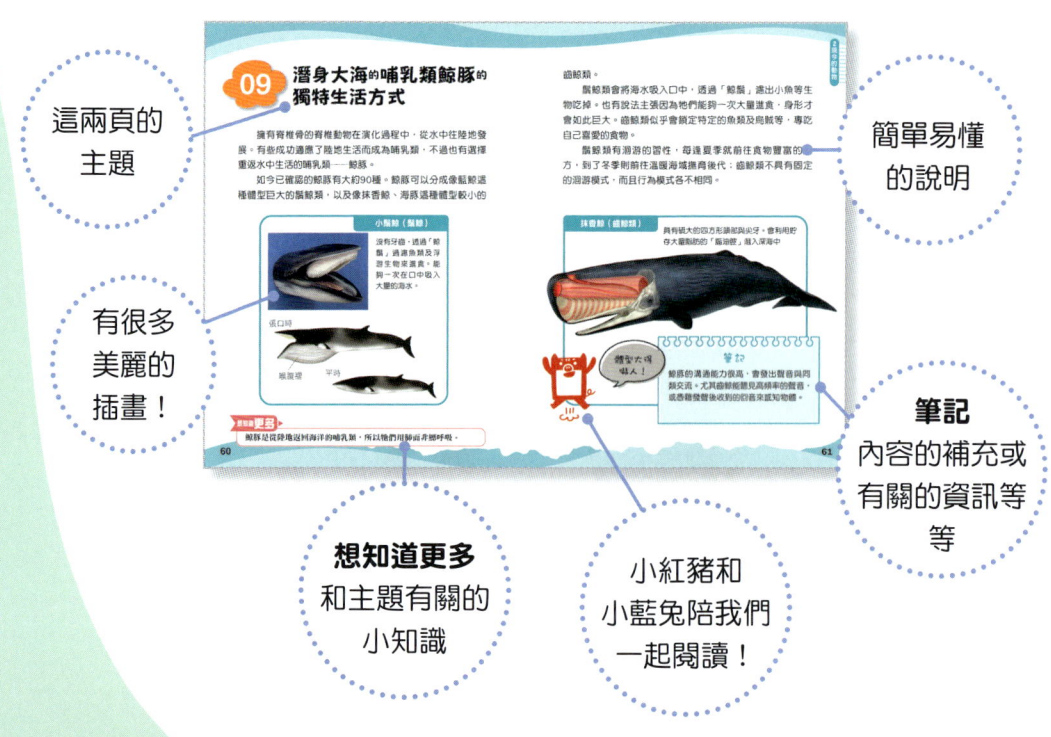

這兩頁的主題

有很多美麗的插畫!

簡單易懂的說明

筆記
內容的補充或有關的資訊等等

想知道更多
和主題有關的小知識

小紅豬和小藍兔陪我們一起閱讀!

8

角色介紹

小紅豬

【兒童伽利略】科學探險隊的小隊長。圓圓的鼻子是最迷人的地方。

小藍兔

小紅豬的朋友,科學探險隊的隊員。很得意自己有像兔子一樣長長的耳朵。雖然常常說些笨話,但倒是滿可愛的。

小紅豬也能變身唷!

恐龍
(馬門溪豬)

恐龍
(三角豬)

雪豬

恐龍繪畫館

挑戰看看吧！
恐龍謎題

先來回答問題！圖中正在打鬥的「暴龍」是全世界最有名的恐龍之一，不過在①～③的選項中，以最早發現而聞名的恐龍又是哪一種呢？

① 無齒翼龍
② 禽龍
③ 異平齒龍

哪種恐龍的臉長這樣！

答案:「②禽龍」,英國醫生曼特爾(Gideon Mantell,1790〜1852)於1822年發現的牙齒化石。不過,曼特爾當初發現時,似乎不認為那是恐龍的一部分。

恐龍繪畫館

接下來是第二題。「三角龍」頭上如扇子般展開的裝飾（頭盾），是由什麼所構成？

①骨骼
②皮膚乾燥硬化而成
③頭髮

用腦過度好累喔，讓我睡一下⋯⋯

恐龍繪畫館

猜對了！
太棒啦！

答案：「①骨骼」。這張照片為複製品，但是結構和真正的三角龍化石一樣。不妨前往博物館，親眼看看真品！

恐龍繪畫館

海中生物的大小比較

秀尼魚龍／秀尼魚龍科（約15公尺）

薄板龍／蛇頸龍亞目（約14公尺）

海王龍／滄龍科（約9公尺）

雙葉龍／蛇頸龍亞目（約7公尺）

中喙鱷／海鱷亞目（約3公尺）

古巨龜／帝龜屬（約3公尺）

魚龍／魚龍科（約2公尺）

厚蛇／厚蛇科（約1.4公尺）

好大哇！

0公尺　　5公尺　　10公尺

在恐龍活躍的時代，許多「海生爬蟲類」生物棲息在海中。來比較一下牠們的大小吧。

18

第 **1** 節課

恐龍是什麼樣的動物？

恐龍曾經在遠古地球上生活。如今高樓及住宅林立、路上車水馬龍，現代人幾乎無法想像過往的光景。恐龍究竟是什麼樣的生物呢？來吧，恐龍探索之旅即將啟程！

出發嘍！

01 恐龍出現於大約 2 億 3000 萬年前

圖為以最強肉食性恐龍聞名的「暴龍」（雷克斯[編註]暴龍）骨骼。現在也散發出一種正盯著獵物，彷彿就要從書中跳出來的氣勢。恐龍這種生物在距今大約2億3000萬年前出現，延續了1億6000萬年之久。已知恐龍有各式各樣的種類，從全長將近30公尺的巨大物種，到只有數十公分左右的小型物種都有。

編註：rex 在拉丁文中意為「國王」，所以雷克斯暴龍又譯為霸王龍。

1 恐龍是什麼樣的動物？

筆記

1902 年，在美國蒙大拿州的荒野發現大型恐龍化石。後來將該化石命名為「雷克斯暴龍」。

想知道更多

至今以來，不曾在美國與加拿大以外的地區發現過雷克斯暴龍。

02 比現在更溫暖的恐龍時代

從地球誕生到現在已經過了大約46億年,這段期間大致可以分成4個時代。從古至今依序為前寒武紀時代、古生代、中生代、新生代,恐龍生活的年代是「中生代」。附帶一

地球與生命(前寒武紀時代～中生代)

地球誕生(大約46億年前)

大約24億年前,藍菌製造氧氣,地球空氣(大氣)中的氧氣逐漸增加。

大約21億年前,多細胞生物出現。

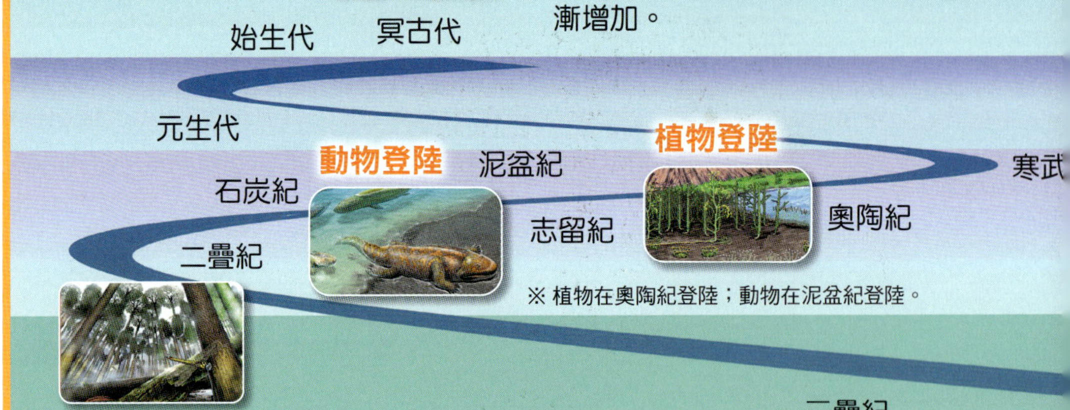

始生代　冥古代

元生代

石炭紀　**動物登陸**　泥盆紀　　**植物登陸**　　　　寒武

二疊紀　　志留紀　　奧陶紀

※植物在奧陶紀登陸;動物在泥盆紀登陸。

昆蟲與森林

大約3億年前,超過10公尺高的蕨類等植物在地面形成森林,翼展長達70公分以上的「巨脈蜻蜓」等生物四處飛翔。

三疊紀(→第24頁)

恐龍在大約2億～6600萬年前(三疊紀末～白堊紀末)的期間繁衍興盛。

編註:生物分類法以「域界門綱目科屬種」八個主要階層進行分類。各階層上下另加次要階層,例如總綱～總科、亞門～亞種,下目～下屬等等。有時慣以「類」取代「綱目科」,例如哺乳類(綱)、靈長類(目)、人類(科)等等,但正式分類仍以階層名稱為準,以利明確區分上下層級的演化關係。

22

提,以恐龍為代表生活在遠古地球上的所有生物,統稱為「古生物」。

當時地球上的二氧化碳遠比現在還要多,氣候應該相當溫暖。那時極區※沒有冰,滿溢的水資源使海面偏高,所以海岸陸棚(延伸至海中的平緩陸坡)寬達數百公里都是淺海。

※ 相當於地球「頂點」及其另一端點所在的地區。以現代來說,就是北極與南極一帶。

大約5億7000萬年前,「埃迪卡拉生物群」繁衍興盛。

大約5億4100萬年前,生物擁有眼睛。此外,現今生物隸屬的類群(門)編註大多集中在此時出現。

埃迪卡拉生物群

寒武紀大爆發

前寒武紀時代

古生代
(約5億4100萬~2億5100萬年前)

恐龍繁盛

侏儸紀
(→第26頁)

中生代

白堊紀
(→第28頁)

大約6600萬年前

新生代

↓延續至今

想知道更多

中生代的海水溫度即便是深處(深層)也有15~20℃那麼高。

23

03 最早橫行地球的霸主是鱷魚的祖先！

　　中生代依序分成三疊紀、侏儸紀、白堊紀。在三疊紀（大約2億5100萬～2億年前）早期，有很多合弓亞綱獸孔目（二齒獸下目）動物。又矮又胖的「水龍獸」全長1公尺左右，以植物為食。

　　進入三疊紀中期以後，相當於現生鱷魚祖先的「鑲嵌踝類」變多了。其代表生物「蜥鱷」為肉食性，全長7公尺左右，這樣的體型是當時其他生物的2倍以上。此外，從牠們強壯的顎部及尖銳的牙齒來看，當時蜥鱷應該居於生態系（食物鏈）的頂點。

　　附帶一提，右頁與蜥鱷爭奪異平齒龍屍體的肉食性恐龍是「艾雷拉龍」，在後方高處觀望的是二齒獸下目的「伊斯基瓜拉斯托獸」。

想知道更多
生態系是指生活在某塊土地上的所有生物及其建立的社會。

24

水龍獸

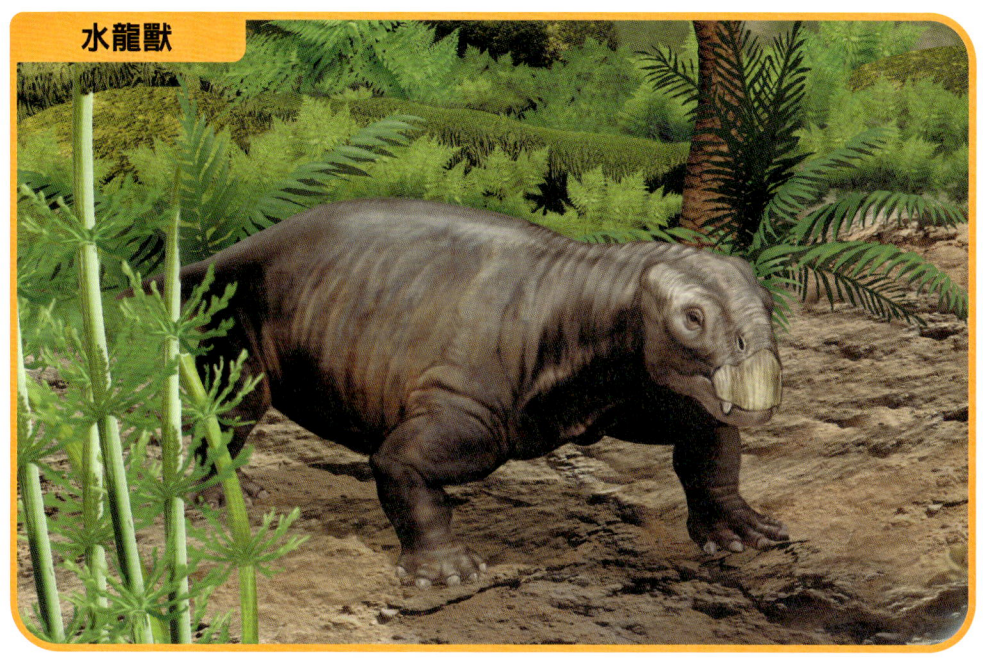

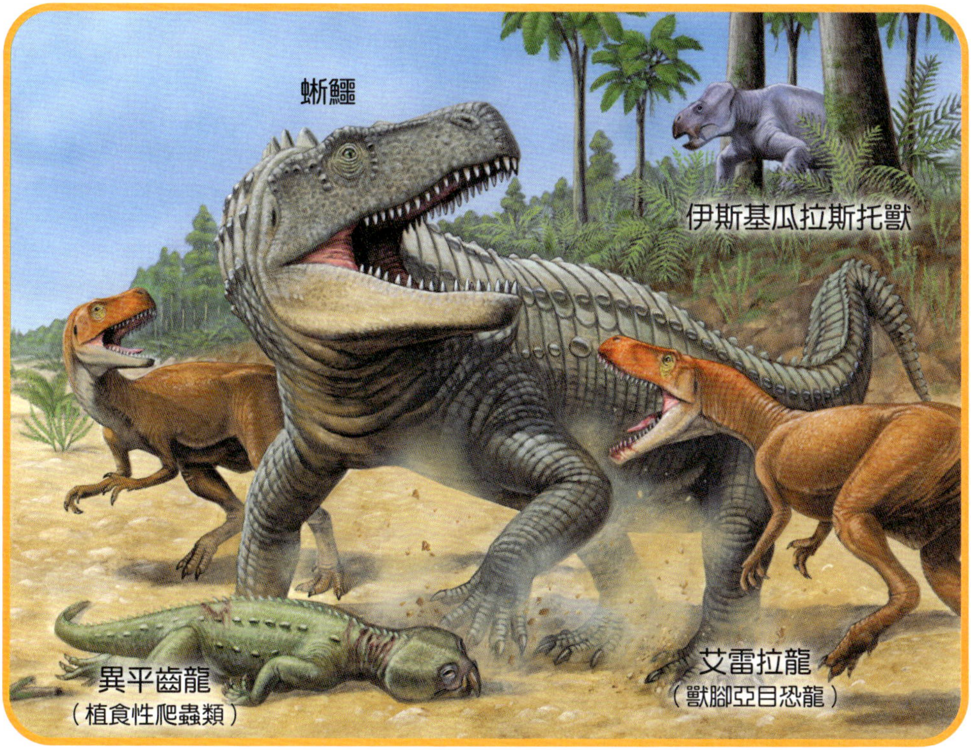
蜥鱷
伊斯基瓜拉斯托獸
異平齒龍
（植食性爬蟲類）
艾雷拉龍
（獸腳亞目恐龍）

04 巨型恐龍的食量是非洲象的4倍左右？

　　進入侏儸紀（大約2億～1億4600萬年前）以後，恐龍成為該時代的代表性生物。其中又以植食性的大型恐龍「蜥腳形亞目」最受矚目。世界各地都有發現蜥腳形亞目化石的紀錄，其中也包括全長超過30公尺的恐龍。

　　右頁描繪的是中國準噶爾盆地當時的情景，成群行動的巨龍是屬於蜥腳形亞目的「馬門溪龍」。

　　剛出生時只有小狗那麼大的恐龍，要發育出如此碩大的身體，需要吃下多少食物才夠呢？舉例來說，體重42～48公噸的蜥腳形亞目「梁龍」，一天可能需要吃下大約480公斤的蕨類植物（假設梁龍是恆溫動物[編註]），約相當於體重12公噸的非洲象食量的4倍。

編註：若梁龍是變溫動物，不需要用自己的能量來取暖或降溫，對比同樣體重的恆溫動物，變溫動物只需1/10 至 1/3 的能量就能過活，因此食量相對較小，與體重僅 1/4 的恆溫動物非洲象的食量接近。

早期的蜥腳形亞目很難取食高處的葉子。或許是因為這樣，才演化出能上下左右擺動的長頸，以便大範圍取食植物。

馬門溪龍

中華盜龍
（獸腳亞目恐龍）

冠龍
（獸腳亞目恐龍）

想知道更多

體溫保持恆定，不太受外在氣溫影響者為恆溫動物。反之則為變溫動物。

27

05 白堊紀有很多種暴龍

　　中生代（三疊紀）剛揭開序幕的時候，地球上所有陸地集中在一塊，形成超大陸「盤古大陸」。後來，盤古大陸隨著時代演進而分裂，白堊紀（1億4600萬～6600萬年前）時大陸的分布狀況與當今所見類似。

　　右頁描繪的是白堊紀晚期阿拉斯加的光景。位於正中央的「白熊龍」是隸屬於「獸腳亞目」的肉食性恐龍，算是暴龍的同類（暴龍科）。不過，牠們的全長為5公尺左右，相較於12公尺左右的暴龍，白熊龍算是體型偏小。

　　根據至今以來的調查成果，已知白堊紀出現過各種暴龍。一般認為，牠們在世界各地立於生態系頂點，會獵食植食性恐龍等。

想知道更多
「白堊」一詞源自於該時代的歐洲地層含有石灰質而呈現白色。

白熊龍

厚鼻龍
（頭飾龍類恐龍）

埃德蒙頓龍
（鳥腳亞目恐龍）

29

06 恐龍其實屬於爬蟲類

右圖的「羊膜動物」泛指在出生前的「胚胎」時期，會形成羊膜的動物（脊椎動物）。羊膜動物的祖先分支成兩大類，而再細分出來的其中一支後代類群是「恐龍」。

以虛線包圍的部分是擁有共同祖先的生物，稱為「爬蟲類」（爬蟲綱）。也就是說，恐龍屬於爬蟲類的一員。

鱷
龜
翼龍
鳥類
蜥臀類
鳥臀類
蛇頸龍
魚龍
喙頭蜥
蛇

想知道更多
擁有脊椎（脊柱）即為「脊椎動物」。

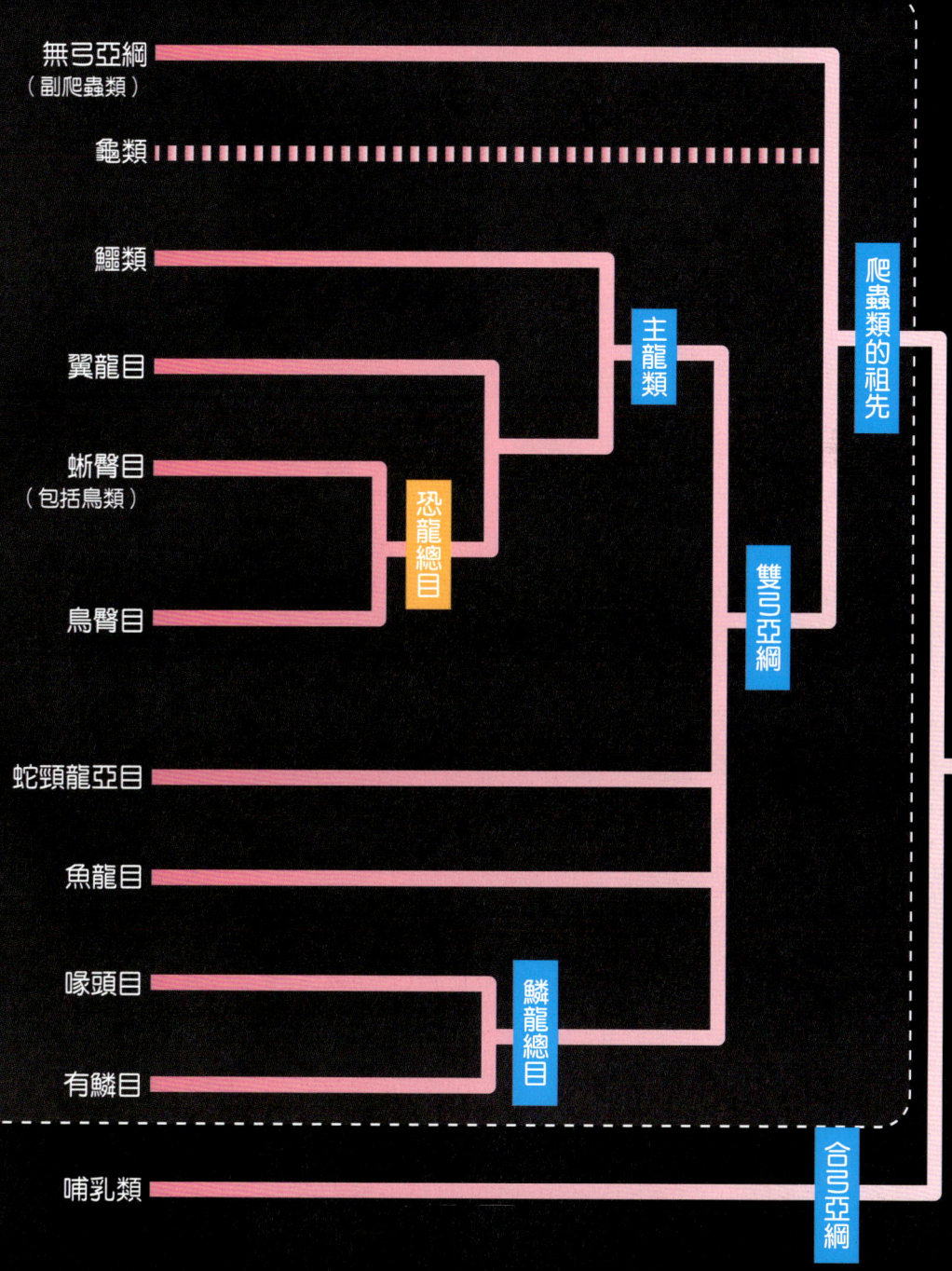

※ 位於頭骨太陽穴附近的開孔名為「顳顬孔」，左右各一者為合弓亞綱，各二者為雙弓亞綱

07 雖然外觀不同，卻擁有同樣的骨骼構造！

有些恐龍乍看之下外觀差異很大，幾乎不會讓人想到是同一類恐龍，不過牠們仍具有祖先傳承下來的共同特徵——骨盆的構造。已知根據骨盆的構造，可以先將恐龍分成「蜥臀目」與「鳥臀目」。在演化分支上，蜥臀目又可以分成「獸腳亞目」與「蜥腳形亞目」；鳥臀目又可以分成「裝甲類」、「鳥腳亞目」以及「頭飾龍類」。

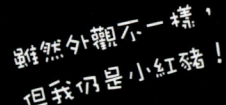

1 恐龍是什麼樣的動物？

獸腳亞目
具有尖銳的牙齒，採用二足步行的恐龍類群。肉食性恐龍皆為獸腳亞目，不過也有部分植食性恐龍屬於獸腳亞目。

蜥腳形亞目
頸部和尾巴很長的植食性恐龍類群。

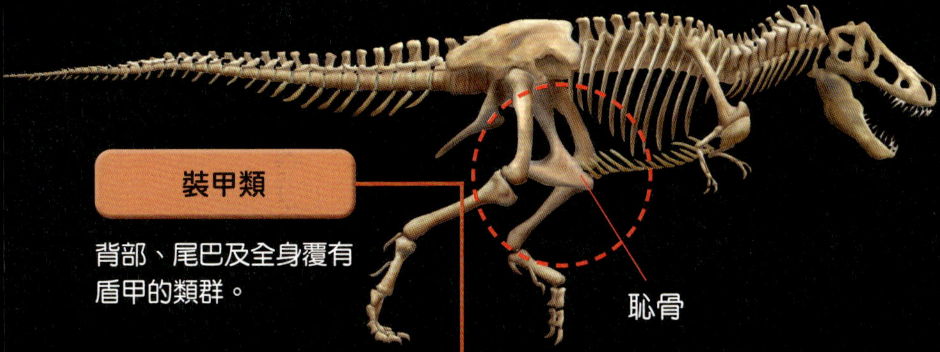

蜥臀目

恥骨朝前

恥骨

裝甲類
背部、尾巴及全身覆有盾甲的類群。

恥骨

鳥腳亞目
顎部及牙齒發達的類群。

鳥臀目

恥骨朝後

恥骨

頭飾龍類
頭部周圍有頭盾、犄角等特化部位的類群。

恐龍總目

想知道更多
恥骨是構成骨盆的骨頭之一。

33

08 如果恐龍在現代街道上漫步……？

1 恐龍是什麼樣的動物？

　　如果恐龍在現代街道上漫步，看起來會是怎樣的一幅光景呢？蜥腳形亞目（蜥腳亞目）「阿根廷龍」氣勢壯闊地在車道上穿梭，彷彿隨時可能踩扁來往的車輛。阿根廷龍是體型最大的恐龍之一，全長可達36公尺。

　　另一方面，在前方斑馬線上奔馳的「美頜龍」（獸腳亞目）全長大約70公分～1.3公尺，是一種小型恐龍。

想知道更多

「全長」是指頭部前端到尾巴末端的長度。「體長」是不計尾巴的長度。

09 經過 8000 萬年演化，全長增大 30 倍

從大約2億3000萬年前（三疊紀晚期）地層中出土的「始盜龍」屬於早期恐龍之一，全長只有1公尺左右。此後經

始盜龍
在阿根廷發現，大約2億3000萬年前的恐龍。是最古老的恐龍之一，全長1公尺左右。採用二足步行。

1 恐龍是什麼樣的動物？

過大約8000萬年，恐龍演化成全長超過20公尺的蜥腳形亞目（蜥腳亞目）。

　　身體變大的其中一個優勢在於，天敵（掠食者）難以發動攻擊。以現代動物為例，獅子朝體型比自己還要大的大象進攻，也是極為罕見的現象。此外，就恆溫動物（→第27頁下方）而言，具有體型越大者越長壽的傾向。

巨大化的蜥腳形亞目

迷惑龍等
在侏儸紀晚期（大約1億5000萬年前）的北美洲，有全長超過20公尺的恐龍出現。相較於始盜龍，牠們的身軀相當豐滿。也有學者主張，腸道變長以吃下更多植物是原因所在。

火山齒龍
大約2億年前出現的火山齒龍是最原始的蜥腳形亞目，全長6.5公尺左右。前腳修長且完全採用四足步行，應是為了支撐沉重的體重。

想知道**更多**
恐龍之所以能成功巨大化，是因為骨骼內部孔隙增多而變輕的關係。

10 巨大化代表身體變重

據說全長大約36公尺的阿根廷龍（→第34頁），體重可以達到100公噸。理論上，恐龍可以大到什麼程度呢？

舉例來說，如果某種蜥腳形亞目（蜥腳亞目）形貌不變，全長變成2倍大的話，其體重將增加到8倍。另一方面，支撐龐大身軀的四肢粗度（接觸地面的腳底面積）只能增加到4倍。也就是說，為了支撐增加的體重，四肢必須變粗，可是腳越粗走起來就越困難，所以不能超出某種限度。透過計算求得的這個體重上限落在「140公噸」。

此外，當長度及高度可以控制在這個體重範圍內，那麼要延伸到多長、多高都可以。換句話說，即使某些部位變長或變高，只要是細長型或瘦高型就不會太重，身體足以支撐即可。

想知道更多

「超龍」的體重為40公噸左右，身體卻很修長（全長可能超過50公尺）。

1 恐龍是什麼樣的動物？

沉重的阿根廷龍

印度象
（重量：每頭約5公噸）

阿根廷龍

四足動物的四肢與體重的關係

股骨、肱骨的粗度（周長）

10公尺／1公尺／10公分

體重：100公克、1公斤、10公斤、100公斤、1公噸、10公噸、100公噸、1000公噸

小鼠、貓、（人）、馬、象、梁龍

140公噸

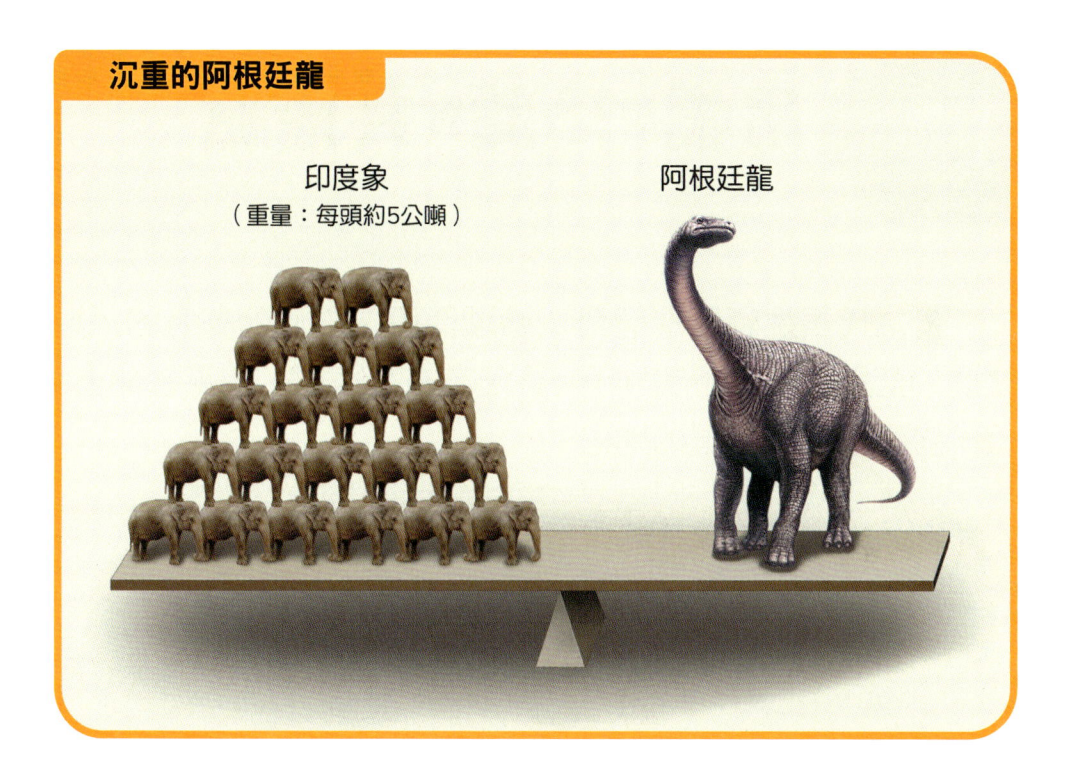

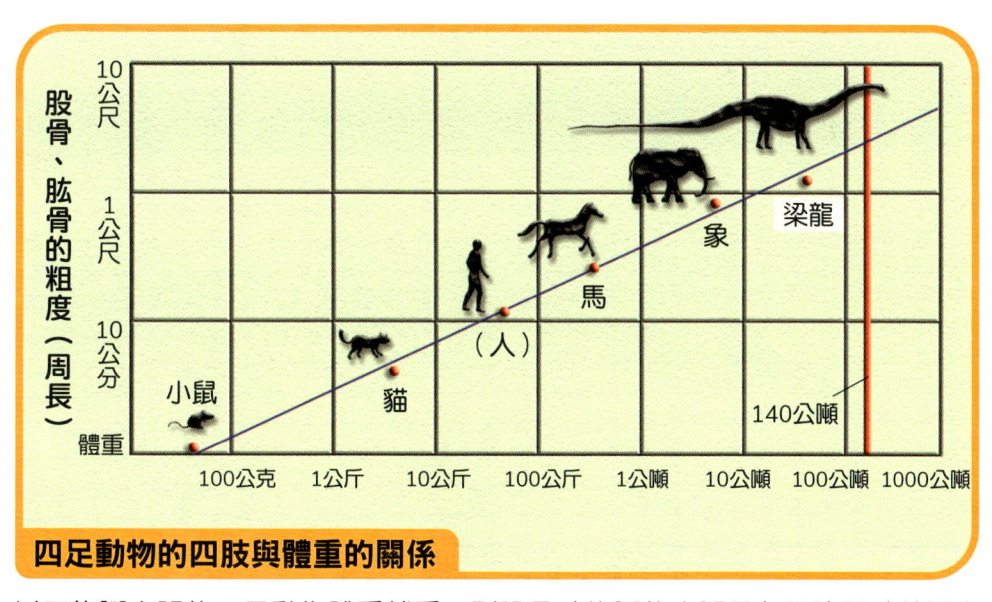

以四隻腳走路的四足動物體重越重，則股骨（後腳的大腿骨）及肱骨（前腳中離身體較近的骨頭）越粗。在體重超過140公噸的狀態下，四肢相對於身體太過粗壯，無法順利行走。

11 吊橋與恐龍有共同點

　　身為代表性蜥腳形亞目（蜥腳亞目）之一而聞名的「迷惑龍」全長21公尺，其中有4公尺左右是身體，水平延伸出6公尺的脖子與11公尺的尾巴。

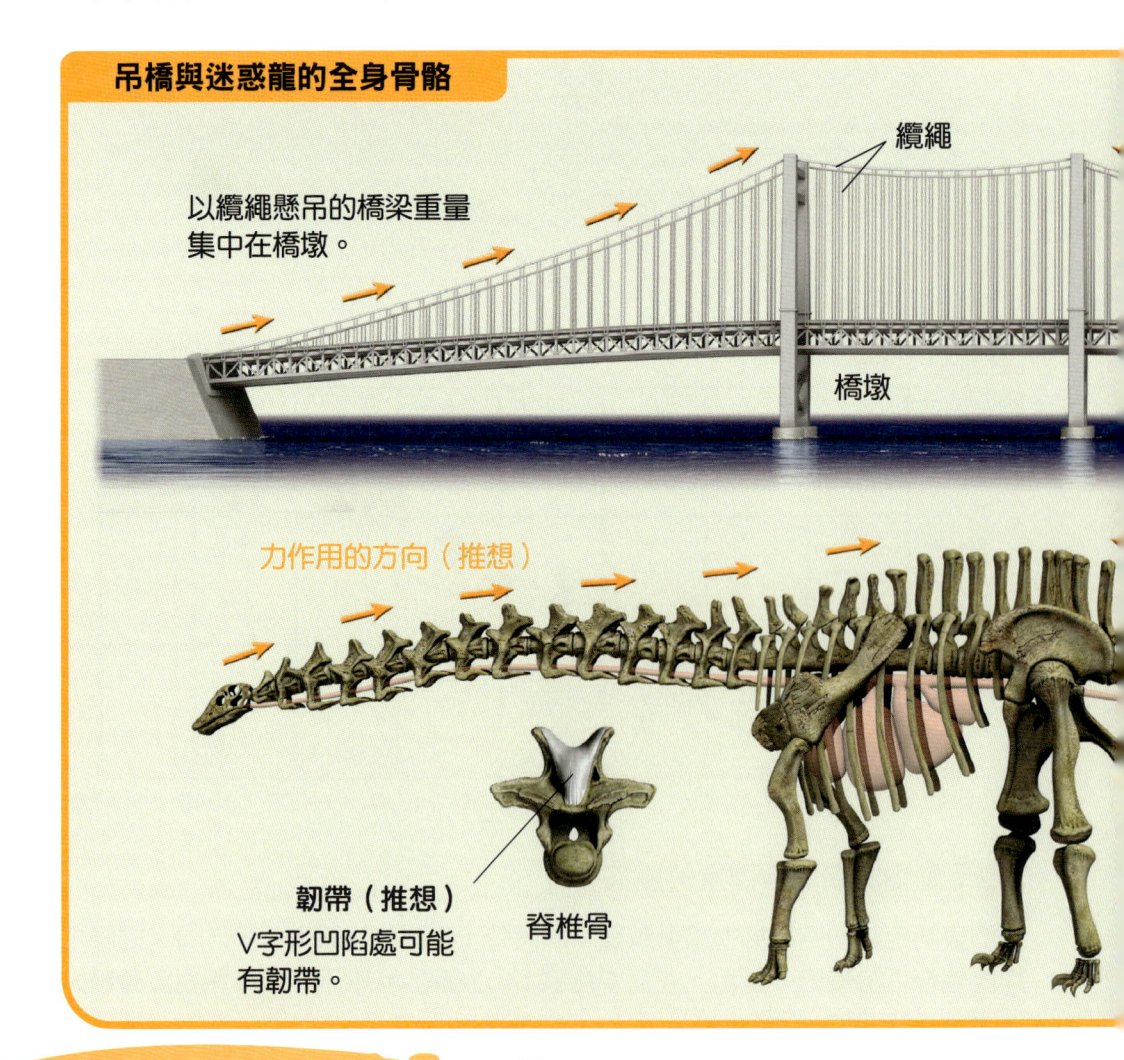

吊橋與迷惑龍的全身骨骼

以纜繩懸吊的橋梁重量集中在橋墩。

纜繩

橋墩

力作用的方向（推想）

韌帶（推想）
V字形凹陷處可能有韌帶。

脊椎骨

如果與人類相比，這種體型結構不太自然。舉例來說，當我們水平抬舉手臂並試圖維持一段時間，最終也會因為疲累而無力下垂，難以長時間保持姿勢。由此可以推測，恐龍或許是透過「韌帶」（肌腱）來支撐頸部與尾巴，原理就如同吊橋的結構。

　　此外，這種身體構造應該會使身體重心落在粗壯的後腳附近，提高支撐體重的效率。

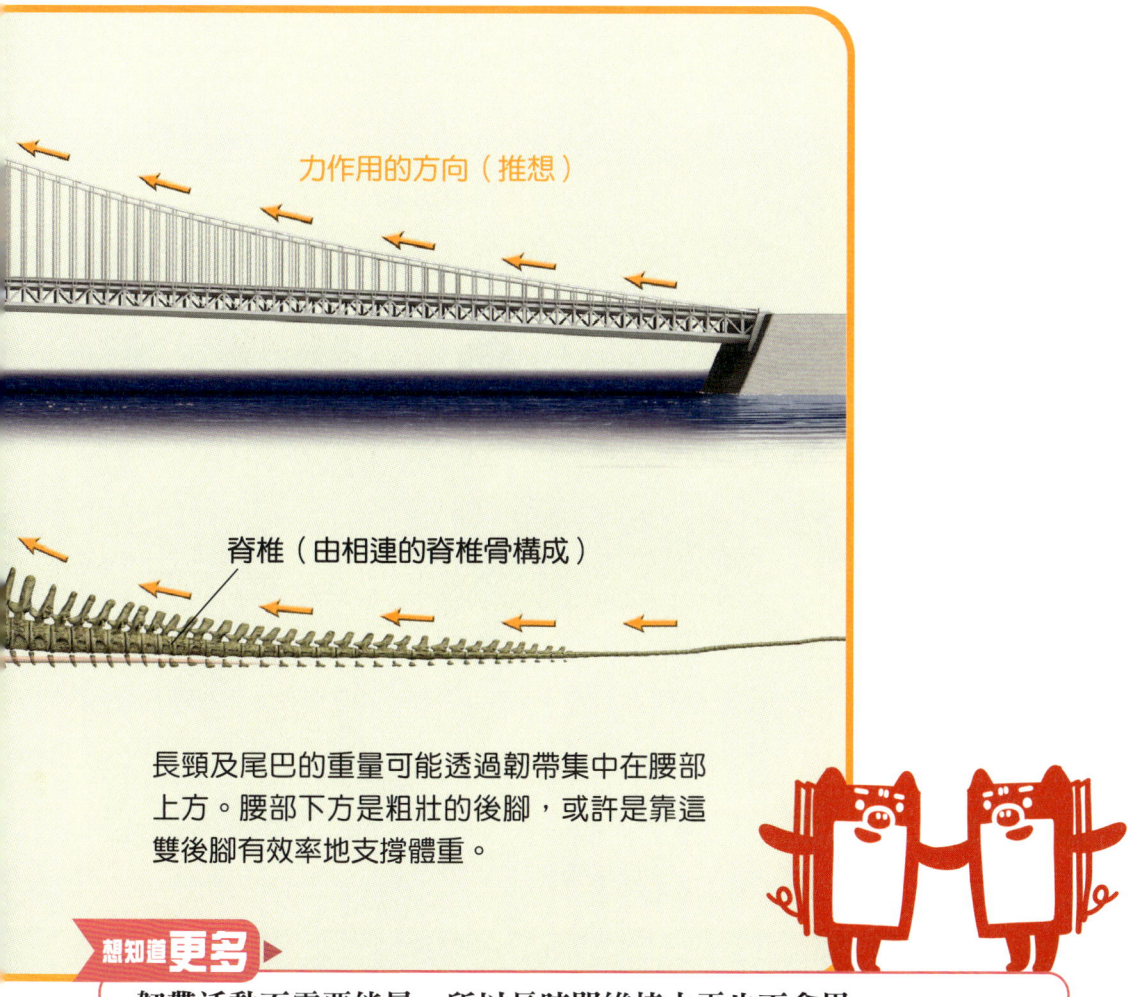

力作用的方向（推想）

脊椎（由相連的脊椎骨構成）

長頸及尾巴的重量可能透過韌帶集中在腰部上方。腰部下方是粗壯的後腳，或許是靠這雙後腳有效率地支撐體重。

想知道更多

韌帶活動不需要能量，所以長時間維持水平也不會累。

1 恐龍是什麼樣的動物？

下課時間

如何成為恐龍專家？

　　正在閱讀本書的各位讀者當中，說不定也有未來想成為恐龍專家的人。如果要把研究恐龍變成工作，應該怎麼做比較好呢？

舉例來說，諸如親緣關係與恐龍相近的「鱷類」、由部分恐龍演化而來的「鳥類」等等，具備這些現代生物相關知識的話會很有幫助。此外，為了調查恐龍吃的食物、居住的環境，最好對同時代的植物及生物有一定程度的了解，也要熟知演化及地層相關知識。

話雖如此，最重要的還是「想知道更多恐龍知識」的熱情。期盼各位之中有人能實現夢想，成為「恐龍博士」。

有很多科普園區能體驗挖掘恐龍化石喔！

左方照片為小林快次教授的團隊在中國戈壁沙漠進行挖掘的模樣。當時發現的是獸腳類化石。

12 暴龍短小的前肢有什麼用處？

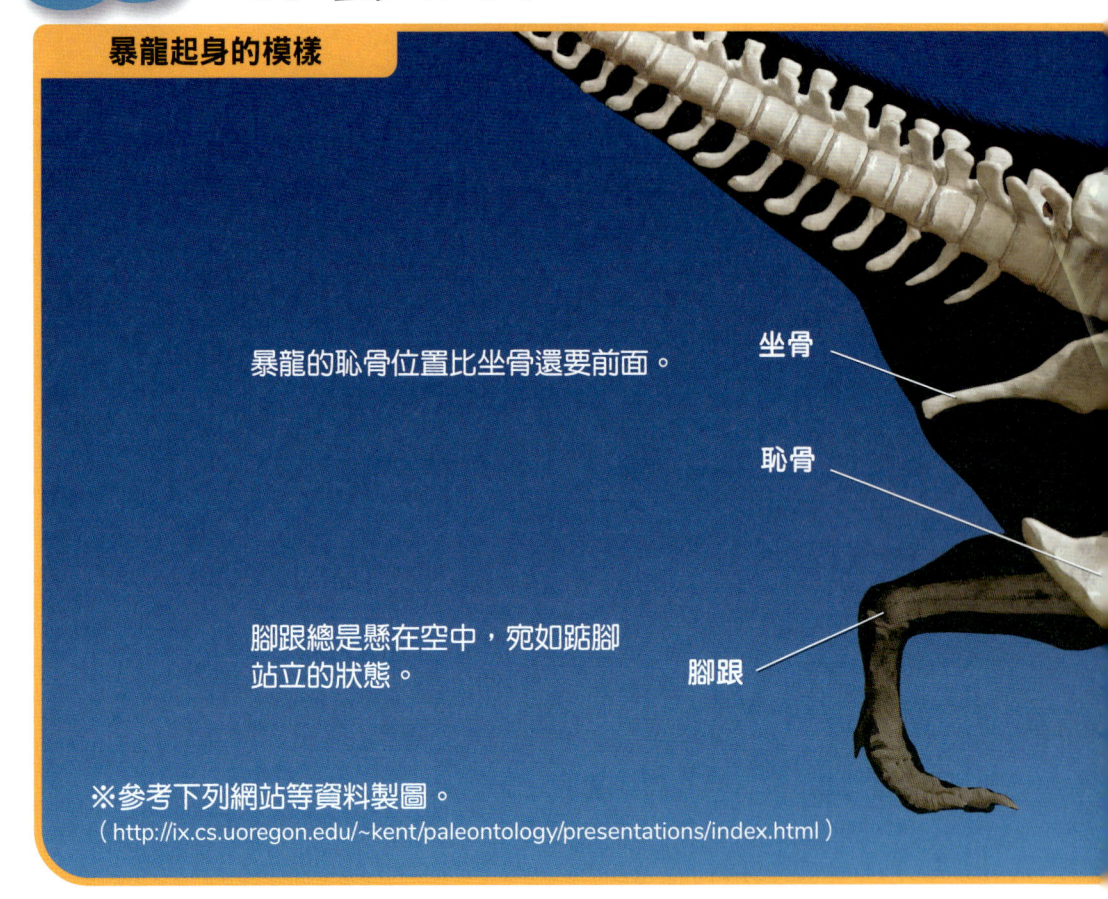

暴龍起身的模樣

暴龍的恥骨位置比坐骨還要前面。

坐骨

恥骨

腳跟總是懸在空中，宛如踮腳站立的狀態。

腳跟

※參考下列網站等資料製圖。
（http://ix.cs.uoregon.edu/~kent/paleontology/presentations/index.html）

　　接下來幾個單元要逐一揭開暴龍身上的謎團。

　　暴龍的前肢非常短小，似乎無法像我們的手臂一樣，做出抓取物體、搔抓癢處的動作。那麼，這對前肢究竟具有什麼樣的功能呢？

　　美國奧勒岡大學的史蒂文斯（Kent Stevens）博士根據骨骼（關節面）的形狀，精密計算出骨骼是如何活動，並在

44

1 恐龍是什麼樣的動物？

搔不到……

髂骨

暴龍

股骨

重心

蓋

肩胛骨

2根指頭

電腦上重現了暴龍的運動模樣。該研究結果顯示，暴龍可以大幅彎曲膝蓋呈前傾姿勢，再以前肢觸地讓身體站起來。

也就是說，當暴龍試圖起身時，可能需要短小的前肢輔助才能做到。

想知道更多
一般推測恐龍的休息姿勢是彎曲後腳蹲下，尾巴垂放在地面上。

45

13 恐龍的移動速度很快嗎?

採用二足步行的肉食性暴龍移動速度很快嗎?其實,關於這點還沒有確切的結論。

比如有學者主張,根據其骨頭構造(骨骼)推導出來的肌肉量,無法讓重達好幾公噸的巨大身軀以一定的速度奔

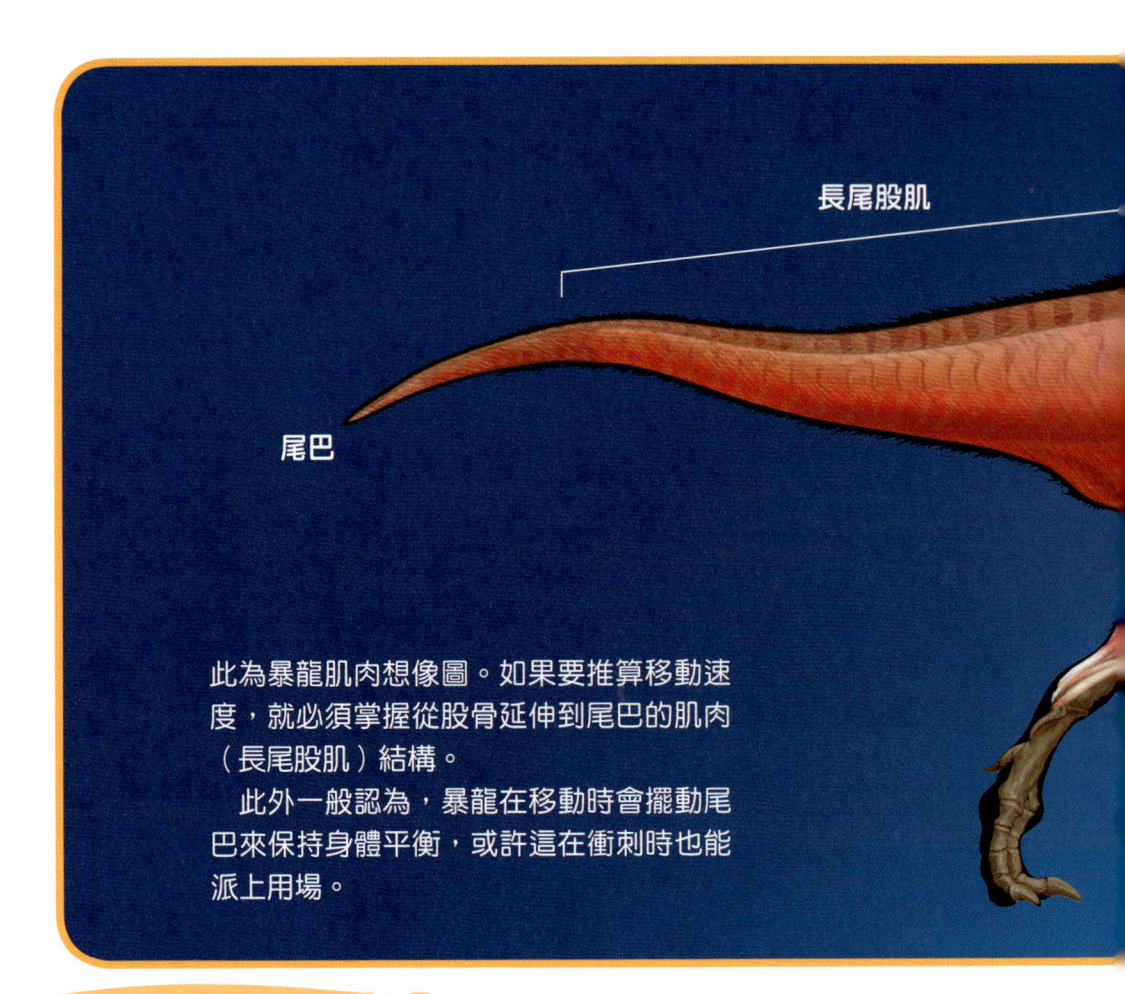

長尾股肌

尾巴

此為暴龍肌肉想像圖。如果要推算移動速度,就必須掌握從股骨延伸到尾巴的肌肉(長尾股肌)結構。

此外一般認為,暴龍在移動時會擺動尾巴來保持身體平衡,或許這在衝刺時也能派上用場。

馳。此外也有說法認為,如果暴龍的移動速度很慢,那麼牠們的食性會更接近像鬣狗那種尋覓腐肉的「食腐動物」,而不會主動去追捕獵物。

另一方面,也有學者認為暴龍能夠以超過時速30公里的速度奔馳。暴龍具有連接尾巴與股骨的肌肉,或許尾巴的動作能帶動後腳,有利於擺動雙腳。如果這個推論正確,那麼暴龍可能是當時腳程最快的恐龍之一。

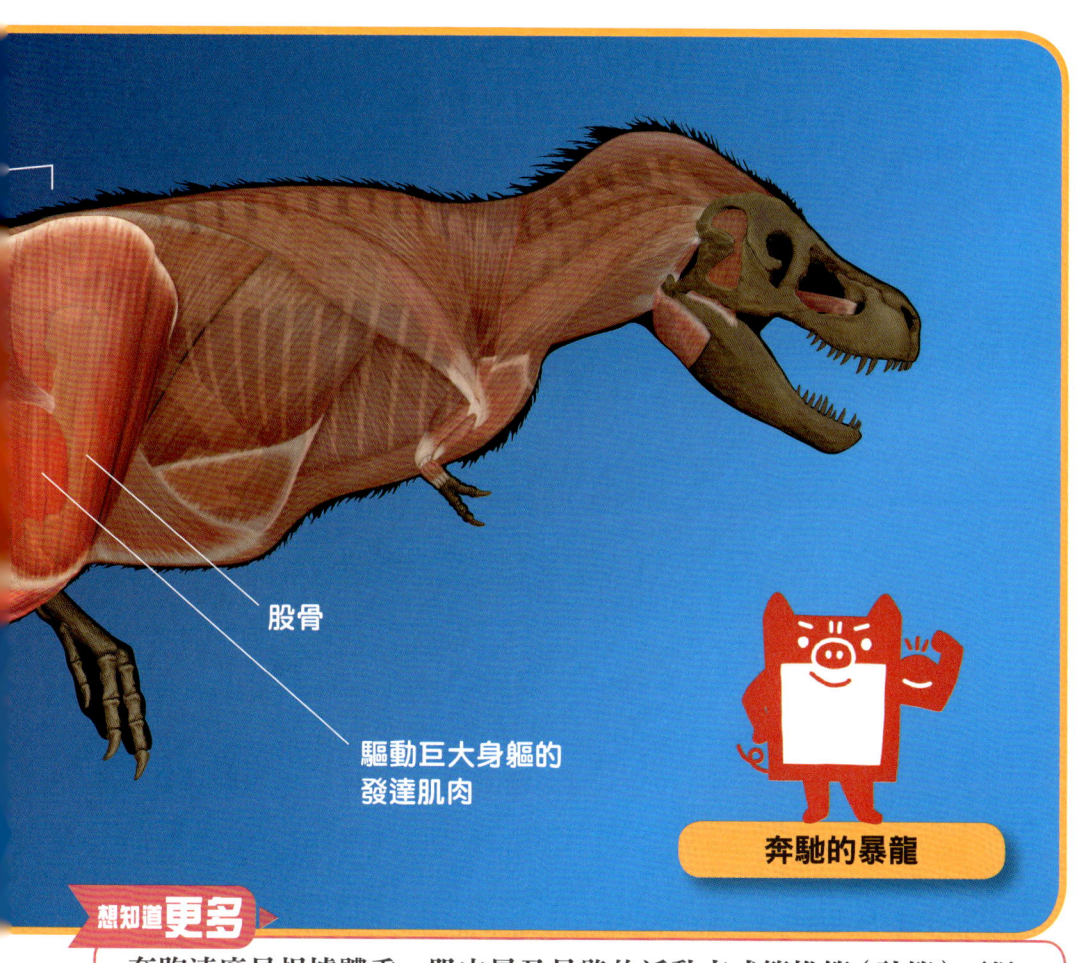

股骨

驅動巨大身軀的發達肌肉

奔馳的暴龍

想知道更多
奔跑速度是根據體重、肌肉量及骨骼的活動方式等推算(計算)而得。

14　暴龍的顎部連骨頭都能咬碎！

　　暴龍的顎部力量很大，根據計算，其咬合力（作用於單顆裂齒上的力）最大有6000公斤。一般認為異特龍的咬合力最大有900公斤，這表示暴龍能夠以大約7倍的力量來咀嚼。

　　如此強大的力量要咬碎獵物的骨頭，可以說是輕而易舉。實際上，人們也從暴龍的糞便化石中，找到疑似屬於植食性恐龍的骨頭。

異特龍

比暴龍還要細的下顎

※ 暴龍與異特龍是以相同比例尺繪製。

想知道更多
　　人類用力咬合的時候，作用於單顆臼齒上的力最大有100公斤左右。

從下顎延伸出來的粗壯肌肉

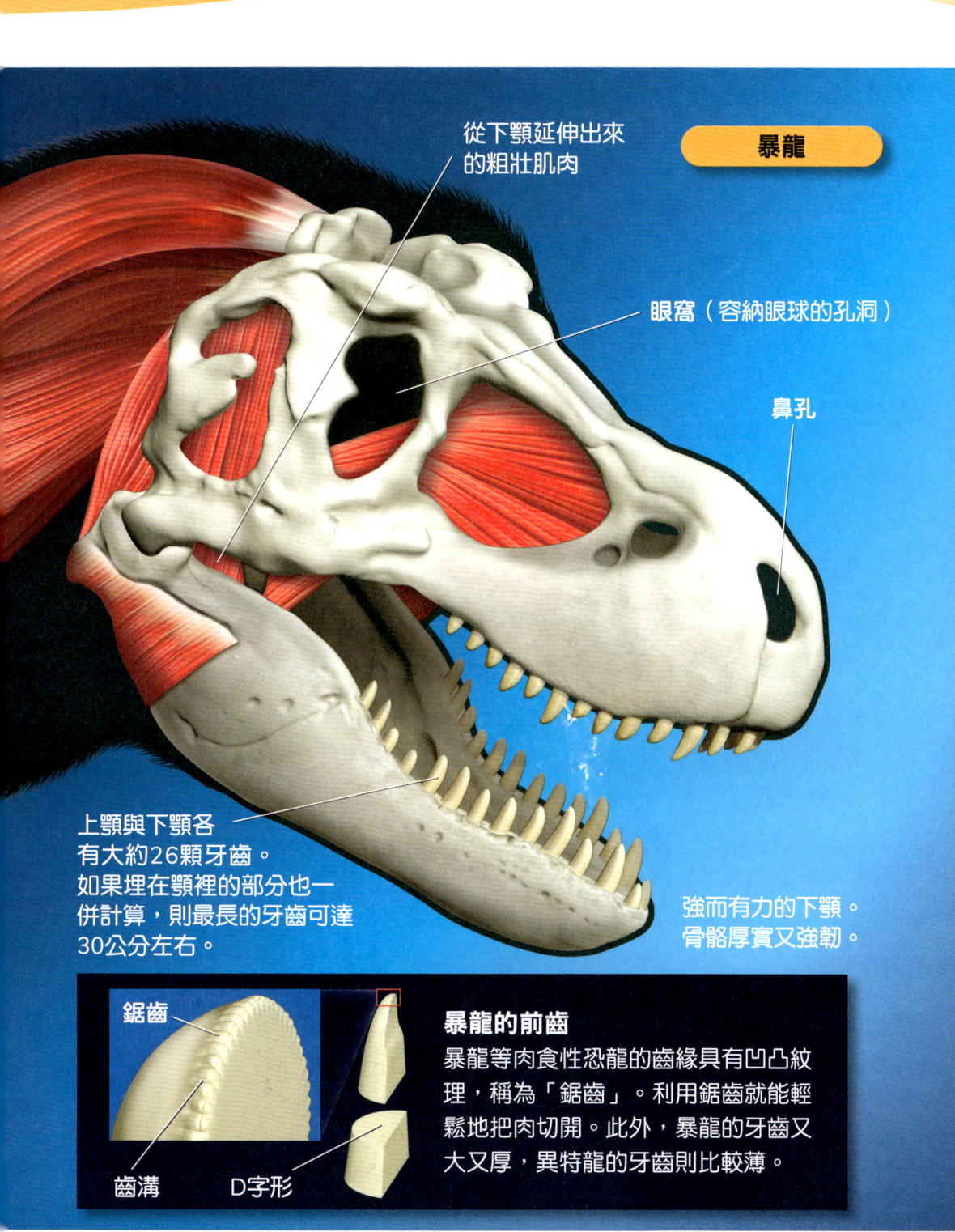

暴龍

眼窩（容納眼球的孔洞）

鼻孔

上顎與下顎各有大約26顆牙齒。如果埋在顎裡的部分也一併計算，則最長的牙齒可達30公分左右。

強而有力的下顎。骨骼厚實又強韌。

鋸齒

齒溝　D字形

暴龍的前齒

暴龍等肉食性恐龍的齒緣具有凹凸紋理，稱為「鋸齒」。利用鋸齒就能輕鬆地把肉切開。此外，暴龍的牙齒又大又厚，異特龍的牙齒則比較薄。

15 嗅覺靈敏的暴龍

有項研究是透過「電腦斷層掃描（CT）」（醫院裡也有此設備）拍攝恐龍的頭骨，將其與諸多現代生物進行比較，藉此推測恐龍的腦部結構。這項研究發現，相對於暴龍的身體大小，用來感知氣味的「嗅球」部分非常巨大。

就現代動物來說，腦內嗅球發達的動物通常擁有靈敏的嗅覺，所以暴龍的嗅覺應該也相當敏銳。這個優勢有助於在狩獵時尋找獵物。

那麼，暴龍的視力好嗎？雖然目前尚未發現有關視力的明確證據，不過暴龍和獅子、老虎等肉食動物一樣，眼睛位於臉部前方（斑馬等草食動物的眼睛位於臉部兩側）。由此可知，牠們準確測量與獵物間距離的能力應該十分優異。

想知道更多

以電腦斷層掃描拍攝許多頭骨，再利用電腦合成技術加以組合，生成資料。

暴龍的腦部形狀（推測）

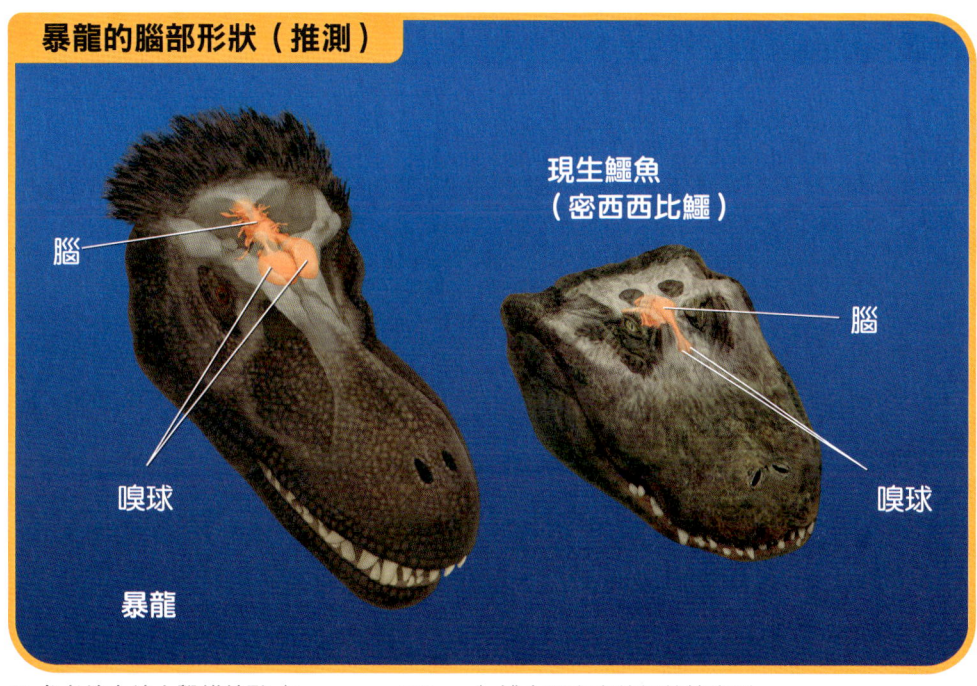

腦

嗅球

暴龍

現生鱷魚
（密西西比鱷）

腦

嗅球

※ 參考俄亥俄大學維特默（Lawrence Witmer）博士研究室的網站等資料。

三角龍

暴龍在黑暗中仍能嗅到遠方有三角龍

1 恐龍是什麼樣的動物？

下課時間

現代也有活生生的恐龍

　　第30頁有提到恐龍屬於爬蟲類（蜥蜴及鱷魚等）的一員。

　　不過，現生爬蟲類與恐龍的步態大不相同。大多數現生爬蟲類的四肢從身體側面延伸出來，相對於此，恐龍的腳長在身體下方。

　　另一方面，一般認為現生鳥類（鴿子及麻雀等）是從小型獸腳類演化而來。也就是說，比起蜥蜴及鱷魚，恐龍更接近鴿子及麻雀。這表示稱鳥類為「現代的活恐龍」也不為過。

現生爬蟲類　　　　恐龍

第 2 節課

恐龍圖鑑①~蜥臀目~

說到恐龍，大家腦中會浮現什麼模樣的種類呢？第2節課要介紹的內容圍繞在「蜥臀目」，長得像大型蜥蜴的恐龍、脖子修長的恐龍幾乎都屬於這一類。

出發吧！

01 最接近鳥類的恐龍「獸腳亞目」

　　第32頁有提到恐龍可以分成兩大類，第2節課將介紹其中一類「蜥臀目」的相關知識。

　　首先要談的是「獸腳亞目」。獸腳亞目是恐龍中最古老的類群之一，後來演化成鳥類的類群也包含在內。因此，試著從獸腳亞目「演化成鳥」的觀點來看，會比較容易理解其中的關聯性。

原始獸腳類

「原始獸腳類」正如其名，是演化前的原始類群。

(→) 曙奔龍／*Eodromaeus*
A：約1.5公尺
B：三疊紀晚期
C：阿根廷

最早期的獸腳亞目。具備日後肉食性恐龍（獸腳亞目）擁有的特徵，像是牙齒朝嘴內彎曲、頸椎有容納氣囊（貯存空氣的器官）之空洞等等。

A…推估全長
B…生存年代
C…發現地區

(←) 富倫格里龍／*Frenguellisaurus*

A：約6～7公尺
B：三疊紀
C：阿根廷

早期的大型恐龍。從表面帶鋸齒的巨大牙齒、尖銳的利爪來判斷，應該屬於掠食者。

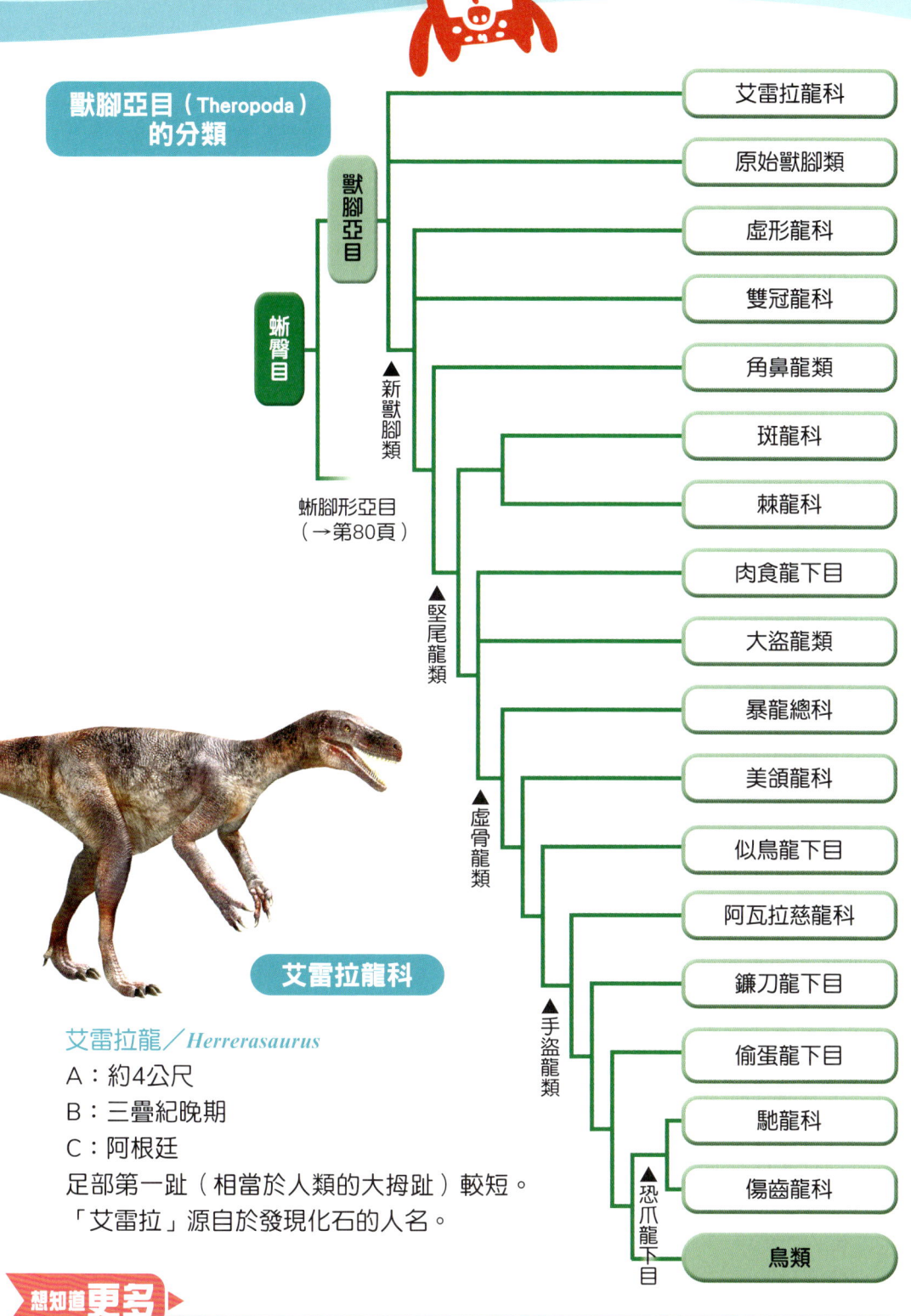

獸腳亞目（Theropoda）的分類

蜥臀目 → **獸腳亞目**

```
獸腳亞目 ┬─ 艾雷拉龍科
         ├─ 原始獸腳類
         └─ 新獸腳類 ┬─ 虛形龍科
                    ├─ 雙冠龍科
                    └─ 角鼻龍類
                       └─ 堅尾龍類 ┬─ 斑龍科
                                  ├─ 棘龍科
                                  └─ 肉食龍下目
                                     └─ 虛骨龍類 ┬─ 大盜龍類
                                                ├─ 暴龍總科
                                                ├─ 美頜龍科
                                                └─ 似鳥龍下目
                                                   └─ 手盜龍類 ┬─ 阿瓦拉慈龍科
                                                              ├─ 鐮刀龍下目
                                                              └─ 偷蛋龍下目
                                                                 └─ 恐爪龍下目 ┬─ 馳龍科
                                                                              ├─ 傷齒龍科
                                                                              └─ 鳥類
```

蜥腳形亞目（→第80頁）

艾雷拉龍科

艾雷拉龍／*Herrerasaurus*

A：約4公尺
B：三疊紀晚期
C：阿根廷

足部第一趾（相當於人類的大拇趾）較短。
「艾雷拉」源自於發現化石的人名。

想知道更多

大象會有如今的模樣，是鼻子較長的個體存活下來所致，並非鼻子本身變長了（演化）。

02 虛形龍科、雙冠龍科、角鼻龍類

虛形龍科（Coelophysidae）、雙冠龍科（Dilophosauridae）

虛形龍科具有修長的脖子，雙冠龍科具有頭冠。

虛形龍／Coelophysis
A：約2.5～3公尺
B：三疊紀晚期
C：美國

應為全球皆有的恐龍，學名中的「coelo」意指「孔洞」。實際上，其骨骼內有許多孔洞，可能是容納氣囊的空間，因此又稱為腔骨龍。

冰冠龍／Cryolophosaurus

A：6.5公尺以上
B：侏儸紀早期
C：南極洲

在南極洲發現的肉食性恐龍，具有形似女僕頭飾（白色女僕帽）的頭冠。被歸類為新獸腳類。

雙冠龍／Dilophosaurus
A：約7公尺
B：侏儸紀早期
C：美國

正如牠的學名「di」（兩個）、「lopho」（頭冠），鼻子到頭部有醒目的雙冠。

56

角鼻龍類（Ceratosauria）

原始的肉食性恐龍。特徵是鼻子上的犄角、眼睛上方的凸起、背上有「小小的凹凸起伏」。前肢非常短。

A…推估全長
B…生存年代
C…發現地區

2 恐龍圖鑑①～蜥臀目～

角鼻龍／Ceratosaurus

A：約6公尺
B：侏儸紀晚期
C：美國等

特徵是鼻子上的犄角與眼睛上方的凸起，還擁有超乎身體比例的巨大牙齒。屬於肉食性。

泥潭龍／Limusaurus

A：約1.7公尺
B：侏儸紀晚期
C：中國

顎部沒有牙齒，形似鳥喙。由此可以推測應屬於植食性。有學者將其歸類為西北阿根廷龍科。

食肉牛龍／Carnotaurus

A：約8公尺
B：白堊紀晚期
C：阿根廷

特徵是前肢非常短，眼睛上方有犄角。學名的意思是「肉食性的公牛」。有學者將其歸類為食肉牛龍亞科。

想知道更多
虛形龍科與雙冠龍科屬於早期的獸腳亞目（新獸腳類→第55頁）。

57

03 尾巴堅硬的斑龍科、愛吃魚的棘龍科

A…推估全長
B…生存年代
C…發現地區

斑龍科（Megalosauridae）

堅尾龍類（→第55頁）早期的類群。斑龍科是其中身高相對於頭長偏矮的種類。

斑龍／*Megalosaurus*
A：約9公尺
B：侏儸紀中期
C：英國

全世界第一個發表並命名（獲得科學界承認）的恐龍。學名的意思是「巨大的蜥蜴」。

單冠龍／*Monolophosaurus*
A：約5公尺
B：侏儸紀中期
C：中國

具有單一（mono）頭冠的肉食性恐龍。於1984年發現了幾乎完整的化石。

似松鼠龍／*Sciurumimus*
A：約70公分
B：侏儸紀晚期
C：德國

於2012年發現了全身化石（應為幼龍）。尾巴有長羽毛，所以學名有「像松鼠」的意思。

棘龍科（Spinosauridae）

以魚為主食，所以具有如鱷般的細長顎部、圓錐形的牙齒，牙齒表面有很多縱向紋理。

棘龍／*Spinosaurus*
A：約16公尺
B：白堊紀早期～晚期
C：埃及、摩洛哥

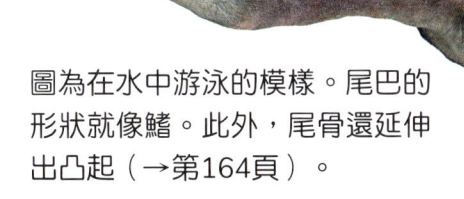

圖為在水中游泳的模樣。尾巴的形狀就像鰭。此外，尾骨還延伸出凸起（→第164頁）。

似鱷龍／*Suchomimus*
A：約11公尺
B：白堊紀早期
C：尼日

學名意指「像鱷魚的生物」。在非洲發現，於1998年發表。口鼻部相當修長。

正如其學名「重爪」，前肢的大拇指上有巨大的指爪。

重爪龍／*Baryonyx*
A：約10公尺
B：白堊紀早期
C：英國、西班牙

想知道更多
關於棘龍是否棲息在水中，學界尚在討論中。

2 恐龍圖鑑①～蜥臀目～

04 體型龐大且臉部有裝飾的肉食龍下目

肉食龍下目（Carnosauria）

該類群的特徵在於巨大的身體、臉部有突起（裝飾）。於侏儸紀中期出現，一直到白堊紀早期都是陸地上最強的肉食性恐龍。

A…推估全長
B…生存年代
C…發現地區

異特龍／*Allosaurus*

A：約12公尺
B：侏儸紀晚期
C：美國、葡萄牙

侏儸紀最大的陸上恐龍。似乎能用前肢鋒利的尖爪，狩獵體型與自己差不多大的獵物。

新獵龍／*Neovenator*

A：約7.5公尺
B：白堊紀早期
C：英國

學名意指「新的獵者」。在歐洲是相當著名的恐龍。

想知道更多

肉食龍下目（Carnosauria）的「carno」意指「肉食性」。

2 恐龍圖鑑①～蜥臀目～

馬普龍／*Mapusaurus*
A：約12.5公尺
B：白堊紀晚期
C：阿根廷

接近南方巨獸龍的物種。在同一處至少發現了8隻馬普龍的化石，故推測牠們會成群行動。有學者將本頁中3種恐龍均歸類為鯊齒龍科。

南方巨獸龍／*Giganotosaurus*
A：約13公尺
B：白堊紀晚期
C：阿根廷

外型像暴龍，但是兩者並無直接的關聯性。頭部細長，前肢有3根指爪。應該是透過尖銳的牙齒撕開獵物的肉塊及內臟來進食。

昆卡獵龍／*Concavenator*
A：約6公尺
B：白堊紀早期
C：西班牙

從脊椎骨延伸出來的突起很醒目，不過其功能尚待查明。也有說法主張牠們的前肢長有羽毛。「昆卡」源自於西班牙的地名「Cuenca」。

（→接續至第62頁）

61

05 尖爪猶如彎鉤的大盜龍類

大盜龍類（Megaraptora）

大盜龍類與其他類群的關係尚待查明。特徵是偏長的前肢與巨大的腳爪。

A…推估全長
B…生存年代
C…發現地區

筆記

福井盜龍先被發現的部位是指甲，所以當初以為這是一種後腳有巨大尖爪的「馳龍科」（→第 78 頁）。不過，後來得知該部位屬於前肢，才將其改到現在的類群。

中華盜龍／*Sinraptor*

A：約7.6公尺
B：侏儸紀晚期
C：中國

侏儸紀中期～晚期在亞洲的肉食性恐龍，特徵是扁平的頭骨。在新疆準噶爾盆地發現。學名意指「中國的小偷」。有學者將其歸類為棘龍科。

福井盜龍／*Fukuiraptor*

A：約5公尺
B：白堊紀早期
C：日本

1995～1999年在日本福井縣發現，後於2000年命名的中型肉食性恐龍。也是首例由日本命名的獸腳亞目。

想知道更多
出土的福井盜龍骨骼從幼龍到成龍（幼體到成體）都有。

2 恐龍圖鑑①～蜥臀目～

握手！

06 在北美洲巨大化的暴龍總科

　　在堅尾龍類中,「虛骨龍類」(→第55頁)的演化特徵最明顯。虛骨龍類涵蓋了各種體態的恐龍,從身形龐大者到體型嬌小者都有,不過牠們都擁有共同特徵:前肢的掌寬窄小、腦占身體的比例高於其他獸腳亞目、擁有羽毛。

　　「暴龍總科」是虛骨龍類中較為原始的類群。一般認為,暴龍總科出現於侏儸紀時的歐洲。後來暴龍在亞洲演化,部分個體在白堊紀初期進入了北美洲。牠們在那裡越變越大,最終演化出雷克斯暴龍。

　　另一方面,留在亞洲的同類也經歷了巨大化的過程,在蒙古等地演化出「特暴龍」(→第68頁)。

> **想知道更多**
> 暴龍總科中也有長出羽毛的物種(帝龍、羽王龍等)。

2 恐龍圖鑑①～蜥臀目～

A…推估全長
B…生存年代
C…發現地區

暴龍／
Tyrannosaurus
A：約12.5公尺
B：白堊紀晚期
C：美國、加拿大
（→接續至第66頁）

暴龍總科（Tyrannosauroidea）

原角鼻龍／
Proceratosaurus

A：約3公尺
B：侏儸紀中期
C：英國

學名意指「角鼻龍的祖先」。過去是那樣認為的，不過現在將其視為原始的暴龍類。有學者將其與下方的冠龍均歸類為原角鼻龍科。

冠龍／
Guanlong

A：約3公尺
B：侏儸紀晚期
C：中國

體格偏小，卻是貨真價實的（原始）暴龍總科。有頭冠，應該有羽毛。

A…推估全長
B…生存年代
C…發現地區

帝龍／*Dilong*

A：約1.5公尺
B：白堊紀早期
C：中國

擁有暴龍總科的特徵，像是結實的頭部、截面呈D字形的牙齒（→第49頁）等。有羽毛，前肢比大型暴龍類還要長。

你喜歡哪種恐龍？

亞伯達龍／*Albertosaurus*

A：約9公尺
B：白堊紀晚期
C：美國、加拿大

體型比暴龍小，前肢稍長。可能有集體狩獵的習性。「亞伯達」源自於最初發現化石的加拿大「亞伯達省」。
（→接續至第68頁）

> **想知道更多**
> 暴龍總科不管是體型還是棲息地區都五花八門。

暴龍總科（Tyrannosauroidea）

特暴龍／*Tarbosaurus*

A：約10公尺
B：白堊紀晚期
C：蒙古

布滿巨齒的碩大頭部、又粗又壯的後腳、短小的前肢等，都是與暴龍很像的特徵。因此，特暴龍也被稱為「亞洲的暴龍」。

虔州龍／*Qianzhousaurus*

A：約9公尺
B：白堊紀晚期
C：中國

苗條的身體搭配細長的口鼻部，俗稱「皮諾丘暴龍」。2014年在中國江西省發現。

A…推估全長
B…生存年代
C…發現地區

68

2 恐龍圖鑑① ～蜥臀目～

羽王龍／*Yutyrannus*
A：約9公尺
B：白堊紀早期
C：中國

最早發現有羽毛的大型暴龍類。化石在中國遼寧省發現。有學者將其歸類為原角鼻龍科。

血王龍／*Lythronax*
A：約7公尺
B：白堊紀晚期
C：美國

形似暴龍，擁有寬大的頭骨。推測會用銳利的巨齒咬碎獵物的骨頭或撕裂肉塊。學名意指「血腥之王」。

筆記

雷克斯暴龍是眾所熟知的「恐龍之王」，不過牠們出現在地球上的期間只有 200 萬年左右。恐龍從出現到滅絕有大約 1 億 6000 萬年之久，相比之下 200 萬年並不長。

想知道更多

暴龍總科是從白堊紀晚期後半開始巨大化。

07 小型肉食性恐龍 美頜龍科

美頜龍／*Compsognathus*
A：約70公分
B：侏儸紀晚期
C：德國、法國

學名意指「纖細的顎部」。屬於小型肉食性恐龍，全長有超過一半是尾巴。可能活躍於侏儸紀晚期到白堊紀早期之間。

侏羅獵龍／*Juravenator*
A：80公分以上
B：侏儸紀晚期
C：德國

在侏羅（Jura）山脈發現的恐龍，化石上罕見地有皮膚殘留。上顎的牙齒較少，嘴巴一路延伸到眼睛附近。似乎是夜行性。

2 恐龍圖鑑① ～蜥臀目～

美頜龍科（Compsognathidae）

全長70公分～1.3公尺左右的小型肉食性恐龍。在虛骨龍類中，演化程度比暴龍更高，前肢有粗大的「大拇指」。此外，每個物種皆有羽毛。

同款！

中華龍鳥／
Sinosauropteryx
A：約1.3公尺
B：白堊紀早期
C：中國

是有羽恐龍中最早公諸於世的物種（化石留有羽毛的痕跡）。頸部到尾巴覆有羽毛，尾巴有紅褐色的條紋。

想知道更多
1850年代，美頜龍科的第一個化石在德國發現。

08 外觀像鴕鳥的似鳥龍下目

臉就像鳥呢！

似鳥龍下目（Ornithomimosauria）

長頸、小頭、大眼睛等特徵和鴕鳥相像。早期物種的顎內有細小牙齒，但是經過演化的物種具有無齒的嘴喙。

似鳥龍／
Ornithomimus
A：約3.5公尺
B：白堊紀晚期
C：美國、加拿大
具有像鳥的嘴喙，沒有牙齒。腳程飛快，應為雜食性。

似鵜鶘龍／
Pelecanimimus
A：約1.8公尺
B：白堊紀早期
C：西班牙
發現的化石顎內有大約220顆小牙齒。學名有「像鵜鶘」的意思。

A…推估全長
B…生存年代
C…發現地區

2 恐龍圖鑑①～蜥臀目～

恐手龍／
Deinocheirus

A：約11公尺
B：白堊紀晚期
C：蒙古

體重大約6.4公噸的巨大恐龍，手臂長達2.4公尺。當初只有發現手臂附近的化石，不過大約40年後又在2006年、2009年發現2具恐手龍的化石，終於能夠了解其全貌。背上有像帆的突起，應為雜食性。有學者將其歸類為恐手龍科。

似雞龍／
Gallimimus

A：約6公尺
B：白堊紀晚期
C：蒙古

學名意指「像雞」，1970年代在戈壁沙漠發現。膝蓋以下的部位修長，擁有強健的腰椎，所以能夠快速奔馳。應為植食性。

想知道更多
一般認為，有好幾種似鳥龍下目是過著群居的生活。

73

09 指爪宛如鐮刀的鐮刀龍下目

鐮刀龍下目（Therizinosauria）

鐮刀龍下目出現在白堊紀早期至晚期之間，特徵是長頸、小頭、形似鐮刀的巨大指爪。可能會利用指爪聚攏枝葉，或是用前肢抓住枝葉，吃上面的葉子及樹果。

鐮刀龍／*Therizinosaurus*
A：約9.5公尺
B：白堊紀晚期
C：蒙古

學名意指「有巨大鐮刀的蜥蜴」。又大又平的前肢指爪最長可達1公尺左右。

2 恐龍圖鑑 ① ～蜥臀目～

A…推估全長
B…生存年代
C…發現地區

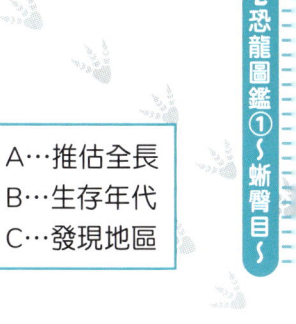

鑄鐮龍／*Falcarius*

A：約4公尺
B：白堊紀早期
C：美國

原始的鐮刀龍下目。脖子偏細，前肢的指爪比鐮刀龍小。吃植物維生。

建昌龍／*Jianchangosaurus*

A：約2公尺
B：白堊紀早期
C：中國

長有原始的羽毛。從牙齒及顎部的構造來看，應為植食性。此外，後腳的構造也顯示出牠們跑起來很快。學名代表「建昌（中國遼寧省的地名）的蜥蜴」。

> **想知道更多**
> 鐮刀龍科的嘴喙深處有一排樹葉狀牙齒。

75

10 單爪的阿瓦拉慈龍科、會孵蛋的偷蛋龍下目

阿瓦拉慈龍科（Alvarezsauridae）

白堊紀晚期的恐龍，前肢有1根巨大指爪。此外，阿瓦拉慈龍科相鄰的演化支隸屬於手盜龍類（→第55頁）。手盜龍類恐龍的前肢腕關節有半月形骨頭，能夠大幅彎曲前肢。

阿瓦拉慈龍／
Alvarezsaurus

A：約2公尺？
B：白堊紀晚期
C：阿根廷

學名意指「阿瓦拉慈的蜥蜴」，為了紀念阿根廷歷史學家阿瓦拉慈（Gregorio Alvarez）而冠名。從化石可知其身體覆有羽毛，可能會用修長的雙腳在大地上高速奔馳。

單爪龍／
Mononykus

A：約90公分
B：白堊紀晚期
C：蒙古

學名意指「單一的指爪」，前肢就只有一指（大拇指）。擁有嘴喙與小牙齒，可能屬於食蟲性。此外，從腳很長這一點可以推測其奔跑速度很快。

偷蛋龍下目（Oviraptorosauria）

A…推估全長
B…生存年代
C…發現地區

手盜龍類以前的獸腳亞目通常前肢往身體後方生長，然而偷蛋龍下目的前肢偏向從身體側面生長。此外，牠們的前肢覆有羽毛，似乎有助於孵蛋。

偷蛋龍／*Oviraptor*

A：約1.5公尺
B：白堊紀晚期
C：蒙古

1920年代在蒙古發現的偷蛋龍化石看似在偷其他恐龍的蛋，而被賦予有「偷蛋賊」之意的學名。

原始祖鳥／*Protarchaeopteryx*

A：約70公分
B：白堊紀早期
C：中國

尾部有10公分左右的尾翼。牙齒呈現鋸齒狀，應為以植物為主食的雜食性。

※ 恐龍孵蛋的方法大致有3種：產在沙土中「透過地熱及陽光來加溫」（主要是蜥腳形亞目）、「利用植物發酵時產生的熱能」（部分蜥腳形亞目及鴨嘴龍科）以及「抱著孵蛋」（偷蛋龍下目等親緣關係與鳥類相近的恐龍）。

想知道更多

對孵蛋方式有所了解，也有助於推測該恐龍棲息的環境。

11 腳上也有**利爪**的**馳龍科**、頭腦聰明的**傷齒龍科**

馳龍科（Dromaeosauridae）

後腳的第二趾有巨大腳爪。似乎能夠跳到獵物身上用腳爪撕裂對方。此外，也有一些物種擁有羽翼，可以在天空飛翔。不過，一般認為原始物種主要將羽翼用在威嚇外敵或繁殖期求偶時。

馳龍／*Dromaeosaurus*
A：約1.8公尺
B：白堊紀晚期
C：美國、加拿大

學名意指「奔馳的蜥蜴」。棲息於白堊紀晚期的北美洲，屬於小型肉食性恐龍。

小盜龍／*Microraptor*
A：約90公分
B：白堊紀早期
C：中國

在亞洲生活的小型有羽恐龍。2003年發表了四肢皆有羽翼的化石。應該是像紙飛機那樣滑翔。

伶盜龍／*Velociraptor*
A：約1.8公尺
B：白堊紀晚期
C：中國、蒙古

長有羽毛的小型肉食性恐龍。腳踝的可動範圍、腳趾的方向等，都具有與鳥類共同的特徵。

傷齒龍科（Troodontidae）

眼睛很大，腦容量占身體的比例也很高，由此推測牠們或許是「最聰明的恐龍」。頭骨（顱骨）與鳥類相似。

A…推估全長
B…生存年代
C…發現地區

傷齒龍／*Troodon*
A：約2.4公尺
B：白堊紀晚期
C：美國、加拿大

出現在侏儸紀至白堊紀末的恐龍，和馳龍一樣腳上有巨爪。此外，前肢腕關節和其他手盜龍類一樣有半月形骨頭，能夠大幅彎曲（→第76頁）。

寐龍／*Mei long*
A：約70公分
B：白堊紀早期
C：中國

發現的化石呈現沉睡姿態，所以學名叫作「睡著的龍」。那副模樣與現生鳥類入睡的姿勢相同（蜷縮身體，折起雙腳收在身體下方）。

想知道更多

傷齒龍科的「近鳥龍」（→第88頁）被視為最古老的鳥之一。

12 史上最大的陸地生物「蜥腳形亞目」

據說「蜥腳形亞目」（蜥腳亞目）是史上最大的陸地生物。蜥腳形亞目的特徵是脖子及尾巴較長，頭部偏小。不過，牠們並非一開始就擁有這種體型及外貌，而是隨著演化逐漸改變形成。

此外，倘若仔細觀察蜥腳形亞目的牙齒化石，就會發現那不是用來撕裂肉塊的形狀。因此，撇除早期物種不談的話，蜥腳形亞目應為植食性。

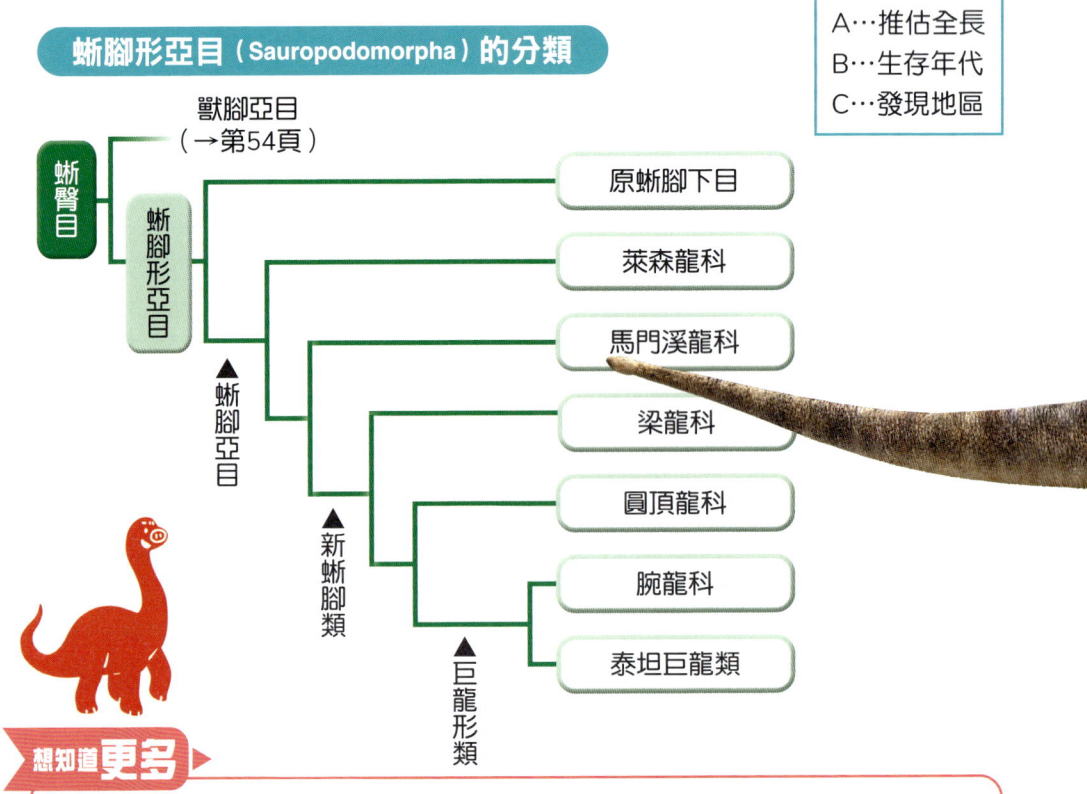

蜥腳形亞目（Sauropodomorpha）的分類

A…推估全長
B…生存年代
C…發現地區

- 蜥臀目
  - 獸腳亞目（→第54頁）
  - 蜥腳形亞目
    - 原蜥腳下目
    - 萊森龍科
    - 蜥腳亞目
      - 馬門溪龍科
      - 新蜥腳類
        - 梁龍科
        - 圓頂龍科
        - 巨龍形類
          - 腕龍科
          - 泰坦巨龍類

想知道更多
蜥腳形亞目似乎是以南洋杉、貝殼杉、柏等植物為食。

原蜥腳下目（Prosauropoda）等

板龍／*Plateosaurus*
A：約8公尺
B：三疊紀後半
C：德國、法國、瑞士、格陵蘭

學名意指「寬闊的蜥蜴」。屬於原蜥腳下目，化石主要在歐洲出土。

大椎龍／*Massospondylus*（→）
A：約4公尺
B：侏儸紀早期
C：南非、賴索托、辛巴威

第一指（大拇指）有巨大的指爪。此外，由於前肢較短，所以可能大多採用二足步行。也有發現多個蛋化石。

蜀龍／*Shunosaurus*
A：約9公尺
B：侏儸紀晚期
C：中國

蜥腳亞目恐龍。尾巴末端有長約50公分的骨骼團塊，造型宛如棍棒，可能是用來趕跑肉食性恐龍。

81

13 腿部彎曲的萊森龍科、小臉的馬門溪龍科

萊森龍科（Lessemsauridae）

演化特徵比原蜥腳下目更明顯，屬於蜥腳亞目（→第80頁）的一種。萊森龍科不同於其他蜥腳下目的地方在於，牠們會以彎曲的後腳站立行走。

萊森龍／*Lessemsaurus*

A：約10公尺
B：三疊紀晚期
C：阿根廷

背上可能有突起。學名源自於美國的作家萊森（Don Lessem），他寫了很多關於恐龍的書，讓更多人認識恐龍。

A…推估全長
B…生存年代
C…發現地區

等你們慢慢長大！

※蜥腳亞目屬於採用四足步行的大型恐龍，四肢粗壯，鼻尖短小圓潤。

馬門溪龍科（Mamenchisauridae）

是蜥腳亞目中脖子特別長、頭部偏小的類群。有這種身體構造，馬門溪龍科不必特地走動，只要移動脖子就能取得食物（植物）。此外，長頸或許也有幫助身體散熱的功能。

馬門溪龍／*Mamenchisaurus*

A：約26公尺
B：侏儸紀晚期
C：中國

棲息在東亞的恐龍，學名源自於發現第一個化石的地方──中國四川省的「馬門溪」。過去還發現有19塊頸椎骨（蜥腳亞目一般有12～17塊）。

想知道更多

原蜥腳下目有4根腳趾，不過蜥腳亞目有5根。

14 牙齒形狀特殊的梁龍總科、圓頂龍科

梁龍總科（Diplodocoidea）

「新蜥腳類」（→第80頁）中的一個類群，嘴部近似方形，僅顎部前端長有又細又直的牙齒。利用這些牙齒，就能像梳子梳開頭髮那樣取食樹枝上的葉子。

短頸潘龍／
Brachytrachelopan
A：約10公尺
B：侏儸紀晚期
C：阿根廷

脖子長度短於身體長度。可能待在大型蜥腳類進不去的森林裡，以低矮的植物為食（適應了環境）。有學者將其歸類為梁龍總科下的叉龍科。

圓頂龍科（Camarasauridae）

演化程度比梁龍科更高的類群，擁有形似湯匙的牙齒（→第105頁）。

A…推估全長
B…生存年代
C…發現地區

（梁龍科）（←）
梁龍／*Diplodocus*
A：約30公尺
B：侏儸紀晚期
C：美國
學名意指「雙樑」，因為接在尾骨（尾椎）下半部的小骨頭從正中央分成2根。

圓頂龍／*Camarasaurus*
A：約18公尺
B：侏儸紀晚期
C：美國
頭部較大。學名意指「有拱形腔室的蜥蜴」，實際上脊椎有很多空洞。

（梁龍科）（←）
超龍／*Supersaurus*
A：約34公尺
B：侏儸紀晚期
C：美國
巨大恐龍。牠們的長頸似乎無法往上下方向擺動。尾巴或許能像鞭子那樣甩動。

歐羅巴龍／*Europasaurus*
A：約6公尺
B：侏儸紀晚期
C：德國
因為身形偏小的關係，發現之初馬上判定為幼龍（幼體），不過針對骨骼進行調查以後，才明白是成龍（成體）。身體變小或許是適應了所處島嶼環境的結果。有學者將其歸類為腕龍科。

想知道更多
歐羅巴龍居住的歐洲當時是淺灘，有多座小島散布其中。

15 輕鬆覓食的腕龍科、活到最後的泰坦巨龍類

腕龍科（Brachiosaurus）

出現在侏儸紀晚期至白堊紀早期之間的類群。前腳較長，身體前半部（肩膀）比後半部（腰部）高。這種構造有助於把臉往上抬，能夠吃到其他恐龍難以觸及的高處植物。

A…推估全長
B…生存年代
C…發現地區

長頸巨龍／*Giraffatitan*（左上）
A：約26公尺
B：侏儸紀晚期
C：坦尚尼亞

學名意指「巨大的長頸鹿」。在位處非洲中央的坦尚尼亞發現。前腳第一趾（大拇趾）有腳爪。

腕龍／*Brachiosaurus*（左下）
A：約25公尺
B：侏儸紀晚期
C：美國等

學名意指「上臂蜥蜴」。特徵是前腳的骨骼（肱骨）極長、身體修長等。

恐龍圖鑑①～蜥臀目～

泰坦巨龍類（Titanosauria）

涵蓋許多物種，不過共同點是腰部比腕龍科寬，脊椎能夠靈活地活動。此外，前腳膝蓋以下又粗又壯。隨著時間演進，其他蜥腳亞目的數量持續減少，唯泰坦巨龍類一直活到白堊紀末。

阿根廷龍／*Argentinosaurus*
A：約36公尺？
B：白堊紀晚期
C：阿根廷

雖然只有發現脊椎、肋骨等部位，不過光第一節背椎骨（構成部分脊椎的骨骼）就長達1.6公尺，應為史上體型最大的恐龍。

薩爾塔龍／*Saltasaurus*（中央）
A：約12公尺
B：白堊紀晚期
C：阿根廷

棲息在南美洲的植食性恐龍。特徵是背上有從骨骼變化而成的「裝飾」。

丹波巨龍／*Tambatitanis*（下）
A：約15公尺？
B：白堊紀早期
C：日本

在日本兵庫縣丹波市發現。學名意指「丹波的巨人」。在蜥腳亞目中屬於普通大小，卻是日本發現的恐龍中體型較大者。

想知道更多

長頸巨龍的脖子長度約為長頸鹿脖子的 4 倍。

下課時間

哪一種恐龍最接近鳥的祖先？

　　1860年代首次發現了侏儸紀晚期獸腳亞目「始祖鳥」的化石。當時認為這種生物應該是最古老的鳥類，所以稱之為「始祖鳥」。不過，如今已知「近鳥龍」這種獸腳亞目更接近鳥類祖先（更原始）。

　　近鳥龍全身的顏色幾乎都推估出來了。羽毛上有黑白紋路，頭冠可能介於暗褐色至橙色之間。

近鳥龍／*Anchiornis*
A：約35公分
B：侏儸紀晚期
C：中國

始祖鳥／*Archaeopteryx*
A：約50公分
B：侏儸紀晚期
C：德國

※A…推估全長、B…生存年代、C…發現地區

第3節課

恐龍圖鑑②~鳥臀目~

第3節課要來介紹另一個類群「鳥臀目」。鳥臀目恐龍具有頭冠、犄角等各種裝飾。究竟牠們有著什麼樣的外貌呢？

牠們崇尚時髦嗎……？

01 演化出鱗甲的「裝甲類」

　　「鳥臀目」雖然有個「鳥」字，不過就如第2節課所述，牠們並不是鳥類的祖先。

　　在鳥臀目中，擁有盾甲、劍板這類裝飾者稱為「裝甲類」。這些部位叫作「皮骨」，由外覆角質層的骨骼所構成。角質層和我們的指甲是同一種材質，就算受傷也不會感到疼痛。此外，皮骨之間並不相連，也與脊椎分開。

裝甲類（Thyreophora）的分類

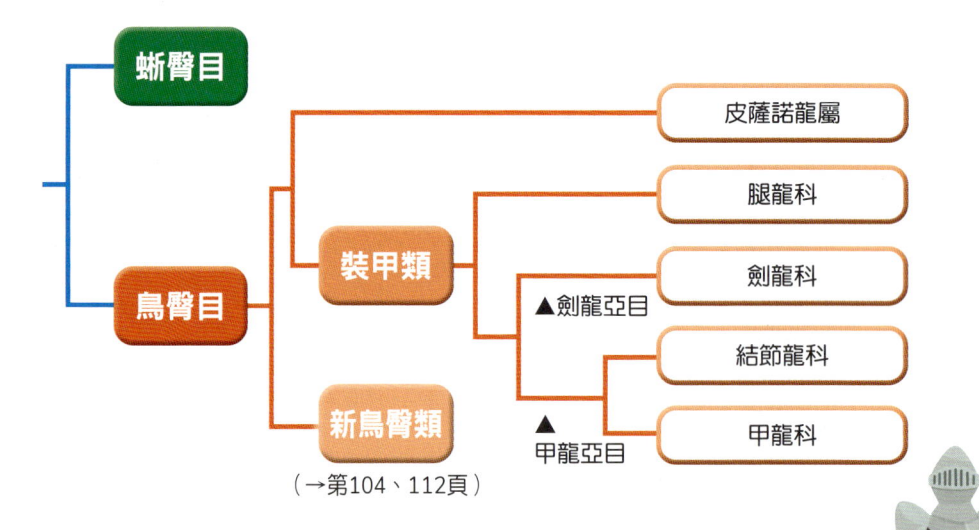

- 蜥臀目
- 鳥臀目
  - 裝甲類
    - 皮薩諾龍屬
    - 腿龍科
    - 劍龍科 ▲劍龍亞目
    - 結節龍科
    - 甲龍科 ▲甲龍亞目
  - 新鳥臀類
    （→第104、112頁）

比較大的皮骨甚至可達約1公尺高。強度沒有盾牌那麼高，主要用於展示身為同類的特徵、雄性向雌性求偶這類場合。此外，由於皮骨化石上有血管的痕跡，所以可能也兼具調節體溫的功能。

皮薩諾龍屬（*Pisanosaurus*）

皮薩諾龍／*Pisanosaurus*
A：約1公尺
B：三疊紀晚期
C：阿根廷

最古老的鳥臀目之一，恥骨朝前。鳥臀目後來持續演化，變成恥骨朝後。如今也有說法主張牠們比鳥臀目還要原始。

A…推估全長
B…生存年代
C…發現地區

腿龍科（*Scelidosauridae*）

腿龍／
Scelidosaurus
A：約4公尺
B：侏儸紀早期
C：英國、美國

屬於早期的裝甲類，主要採用四足步行。背上像瘤塊的皮骨沿著背肌排成2列，而且在身體側面也有。學名意指「腿蜥蜴」。

想知道更多

裝甲類皆為植食性。顎內有一排樹葉狀的小牙齒。

02 背上有很多「劍板」的劍龍亞目

劍龍亞目（Stegosauria）

在裝甲類中，背上有劍形皮骨（劍板）的類群稱為「劍龍亞目」。特徵是沿著脊椎排成2列的劍板、頭部相對於身體偏小、前腳較短所以腰部位置偏高。

A…推估全長
B…生存年代
C…發現地區

劍龍／
Stegosaurus

A：約9公尺
B：侏儸紀晚期
C：美國、葡萄牙

劍龍亞目中演化程度最高的物種，「stego」的意思是「屋頂」、「遮蔽物」。劍板及尾端的棘刺會隨著成長變硬（骨骼內部變緊實），應該能作為武器使用。

嘉陵龍／*Chialingosaurus*

A：約4公尺
B：侏儸紀晚期
C：中國

學名意指「嘉陵的蜥蜴」（嘉陵是中國四川省的地名）。屬於較小的物種，體重應該落在150公斤左右。以蘇鐵及蕨類為主食。

釘狀龍／*Kentrosaurus*

A：約5公尺
B：侏儸紀晚期
C：坦尚尼亞

脊背後半部到尾巴之間有成對的棘刺。學名意指「有棘刺的蜥蜴」。

華陽龍／*Huayangosaurus*

A：約4.5公尺
B：侏儸紀中期
C：中國

被歸類為華陽龍科，生存年代比劍龍科更早的種類，出現在1億6500萬年前左右。除了尾部有2對棘刺，肩膀上也有長棘。學名源自於發現地——中國四川省的古地名「華陽」。（→接續至第94頁）

> **想知道更多**
> 劍龍的喉部也有皮骨。

93

劍龍科（Stegosauridae）

沱江龍／*Tuojiangosaurus*

A：約7公尺
B：侏儸紀晚期
C：中國

是中國劍龍科中體型最大者。學名源自於發現地──四川省「沱江」。尾端可能有2對棘刺往水平方向延伸。此外，肩膀上應該也有棘刺。

米拉加亞龍／*Miragaia*

A：約6公尺
B：侏儸紀晚期
C：葡萄牙

脖子較長，應該能吃到高處的植物。此外，目前只有發現肩部之前的半身與骨盆化石。

銳龍／*Dacentrurus*

A：約8公尺
B：侏儸紀晚期
C：英國、法國、葡萄牙

在劍龍科中體型偏大。目前只有發現部分身體化石。本圖是根據親緣關係較近的物種來推估、復原而成。

A…推估全長
B…生存年代
C…發現地區

西龍／*Hesperosaurus*
A：約5公尺
B：侏儸紀晚期
C：美國

親緣關係與劍龍相近的物種，但是體型偏小。此外，從頭部非常小這點來看，腦可能不怎麼發達。至今為止已經發現了許多化石。

烏爾禾龍／*Wuerhosaurus*
A：約6公尺
B：白堊紀早期
C：中國

劍板呈現長方形，也有說法主張其實和劍龍一樣造型尖銳。學名意指「烏爾禾區（新疆維吾爾自治區的地名）的蜥蜴」。

筆記

隨著肉食性恐龍在演化過程中巨大化，裝甲類的身體也有慢慢變大的趨勢。為了支撐自身體重，裝甲類從早期物種採用二足步行漸漸改成了四足步行。

想知道更多

現生犰狳、鱷魚及烏龜等生物也有皮骨。

3 恐龍圖鑑②～鳥臀目～

03 全身披覆鎧甲的結節龍科

在裝甲類中，宛如身穿鎧甲全身披覆著皮骨的類群稱為「甲龍亞目」。牠們的四肢及頸部較短，應該是以低處的植物為食。

甲龍亞目分成出現在侏儸紀晚期至白堊紀晚期的「結節龍科」，以及出現在白堊紀早期至白堊紀末的「甲龍科」。

怪嘴龍／
Gargoyleosaurus（↓）
A：約3公尺
B：侏儸紀晚期
C：美國
背上的瘤塊（皮骨）每個都很大。學名使用了「gargoyle（歌德式建築中排水石雕的滴水嘴獸）」來描述這種像怪物的蜥蜴。

結節龍科（Nodosauridae）

A…推估全長
B…生存年代
C…發現地區

結節龍／*Nodosaurus*（🌿）

A：約6公尺
B：白堊紀晚期
C：美國

學名意指「結瘤的蜥蜴」。正如其名，披覆著瘤狀的皮骨。只發現少量的化石。

加斯頓龍／*Gastonia*（🌿）

A：約5公尺
B：白堊紀早期
C：美國

學名是源自致力於挖掘化石的加斯頓（Robert Gaston）。雖然發現了保存狀況極佳的全身骨骼，不過關於棘刺的排列方式還有很多未知的部分。

（→接續至第98頁）

3 恐龍圖鑑②～鳥臀目～

想知道更多
甲龍亞目的防禦力應該比劍龍亞目還要高。

結節龍科（Nodosauridae）

A…推估全長
B…生存年代
C…發現地區

多刺甲龍／*Polacanthus*
A：約5公尺
B：白堊紀早期
C：英國

學名意指「很多棘刺」。由小骨頭集結而成的「腰甲」也是特徵之一。

蜥結龍／*Sauropelta*
A：約6公尺
B：白堊紀早期
C：美國

頸部有多根棘刺，最後面的一對刺應該特別長。此外，牠們的尾巴比其他甲龍科還要長。學名為「蜥蜴之盾」。美國北部的蒙大拿州、中西部的懷俄明州及猶他州等地都有發現。

埃德蒙頓甲龍／_Edmontonia_
A：約6.5公尺
B：白堊紀晚期
C：美國、加拿大

在北美洲中西部的寬廣範圍內發現了許多化石，推測是白堊紀晚期最繁盛的甲龍科。學名源自於最初發現地加拿大的埃德蒙頓。

3 恐龍圖鑑②～鳥臀目～

從這裡開始是甲龍科了！

遼寧龍／
Liaoningosaurus（ ）
A：約30公分
B：白堊紀早期
C：中國

發現的化石非常小，從顎部特徵等來判斷，應為原始甲龍類的幼龍。脖子周圍的皮骨很發達。學名源於發現地的地名（遼寧）。

想知道更多

甲龍科的嘴部較細，牙齒類似蜥蜴

04 尾巴就像棍棒的甲龍科

A…推估全長
B…生存年代
C…發現地區

甲龍科（Ankylosauridae）

在甲龍亞目中，尾端形似棍棒的類群。假如遇到肉食性恐龍來襲，牠們會用尾巴敲擊對方來抵禦（但是尾巴似乎只能往左右方向擺動）。

甲龍／*Ankylosaurus*

A：約7公尺
B：白堊紀晚期
C：美國、加拿大

在美國北部的蒙大拿州、加拿大中西部的亞伯達省等地發現。學名為「僵硬的蜥蜴」。

敏迷龍／*Minmi*

A：約3公尺
B：白堊紀早期
C：澳洲

1964年在澳洲發現的恐龍。被視為原始甲龍類，本圖繪出了尾端沒有瘤塊的模樣。敏迷是發現地交叉路口的名字。

3 恐龍圖鑑②～鳥臀目～

多智龍／*Tarchia*
A：約5.5公尺
B：白堊紀晚期
C：蒙古

學名意指「聰明者」，因為牠們包覆大腦的骨頭（腦顱）比其他甲龍科還要大。有發現殘留皮膚痕跡的化石。

籃尾龍／*Talarurus*
A：約5公尺
B：白堊紀晚期
C：蒙古

學名意指「像籃子的尾巴」。尾端有顆較小的瘤塊。此外，至今為止發現了好幾個完整的化石。

繪龍／*Pinacosaurus*
A：約5公尺
B：白堊紀晚期
C：蒙古、中國

學名代表「厚板蜥蜴」。曾經集體出土了超過15隻不同成長階段的繪龍化石。

（→接續至第102頁）

想知道更多

甲龍尾端的瘤塊比人類（成人）的臉還要大。

甲龍科（Ankylosauridae）

要是撞到這些傢伙一定會很痛……

美甲龍／*Saichania*
A：約6公尺？
B：白堊紀晚期
C：蒙古

在蒙古南部南戈壁省發現的恐龍，學名意指「美麗（蒙古語為sayiqan）的」。從該化石可以看出美甲龍的側腹也有棘刺。

有項研究曾透過電腦斷層掃描（→第50頁）拍攝甲龍科的瘤塊並進行分析，計算以瘤塊敲擊敵人的衝擊力道有多大，結果顯示較大的瘤塊能夠破壞對方的骨骼。

A⋯推估全長
B⋯生存年代
C⋯發現地區

牛頭怪甲龍／
Minotaurasaurus

A：約4.5公尺
B：白堊紀晚期
C：不明（中國或蒙古？）

學名代表「米諾陶洛斯的蜥蜴」。米諾陶洛斯（Minotaurus）是希臘神話中牛頭人身的怪物。發現的化石只有頭部。

各自獨立的美甲龍皮骨

圖為美甲龍的皮骨與骨骼。皮骨看似與其他骨骼（脊椎及肋骨等）相連，實際上是分開的。

正面　　背面

1公尺

想知道更多

牛頭怪甲龍的化石為盜採品，所以發現地區不明。

103

05 擅長嚼食植物的「鳥腳亞目」

　　鳥臀目中的「鳥腳亞目」走上了不同於裝甲類的演化道路，屬於「新鳥臀類」的其中一個類群。好多類群都出現了「鳥」這個字，聽起來略顯複雜。不過，還有其他稍微難以理解的部分。明明就有「鳥腳」二字，該類群表現在嘴部周遭的特徵卻更加明顯。鳥腳亞目的顎部、牙齒及嘴喙相當發達，經過演化的物種可以輕鬆咬斷、磨碎嘴裡的植物。

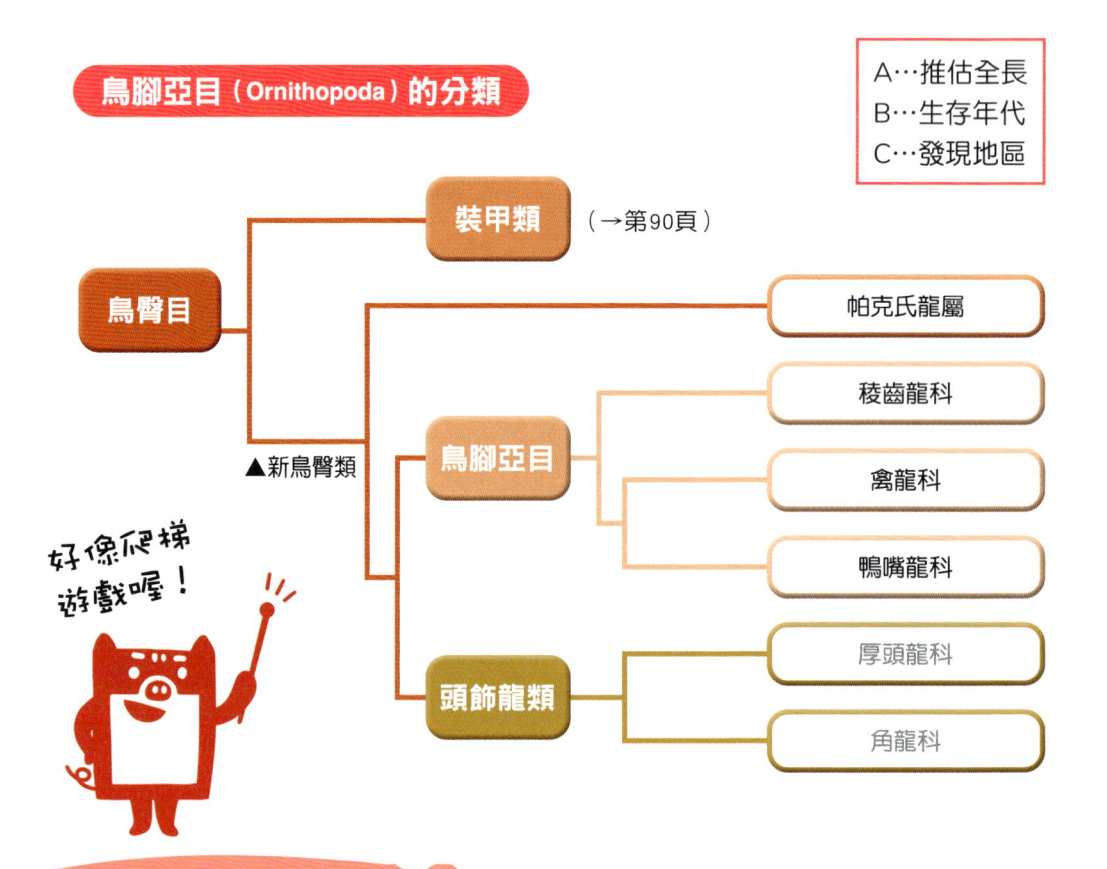

鳥腳亞目（Ornithopoda）的分類

A…推估全長
B…生存年代
C…發現地區

- 鳥臀目
  - 裝甲類（→第90頁）
  - ▲新鳥臀類
    - 鳥腳亞目
      - 帕克氏龍屬
      - 稜齒龍科
      - 禽龍科
      - 鴨嘴龍科
    - 頭飾龍類
      - 厚頭龍科
      - 角龍科

好像爬梯遊戲喔！

104

3 恐龍圖鑑②～鳥臀目～

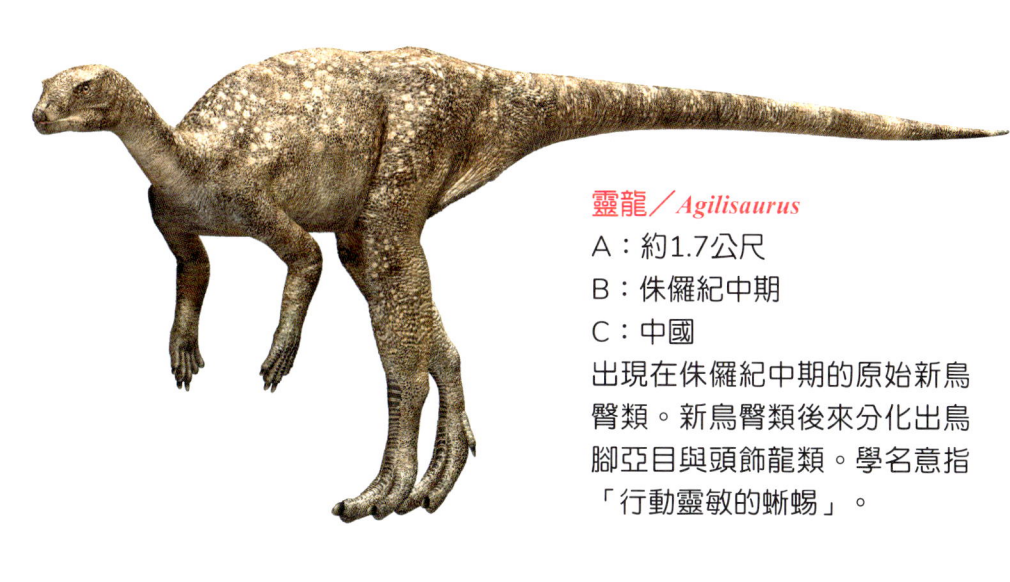

靈龍／*Agilisaurus*
A：約1.7公尺
B：侏儸紀中期
C：中國
出現在侏儸紀中期的原始新鳥臀類。新鳥臀類後來分化出鳥腳亞目與頭飾龍類。學名意指「行動靈敏的蜥蜴」。

稜齒龍科（Hypsilophodontidae）

稜齒龍／*Hypsilophodon*
A：約2.3公尺
B：白堊紀早期
C：英國

學名意指「高冠鬣蜥的牙齒」（高冠鬣蜥是美洲鬣蜥的舊名）。屬於小型植食性恐龍，和其他鳥腳亞目一樣擁有葉形齒。

恐龍的牙齒有各種形狀。舉例來說，圖左牙齒的內側像湯匙那樣彎曲，圖中牙齒的前端形似樹葉，圖右牙齒像早期鉛筆那樣呈現四方形。

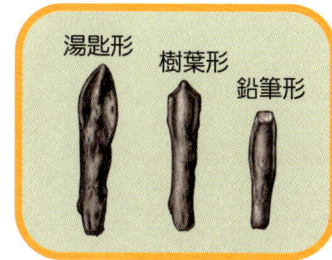

湯匙形　樹葉形　鉛筆形

想知道更多
鳥腳亞目基本上採用二足步行，而經過演化的物種也會使用四足步行。

06 顎部靈活的禽龍類

禽龍類（Iguanodontia）

擅長運用類似鬣蜥的牙齒磨碎食物（植物）。禽龍類的前肢擁有尖銳的「大拇指」，不過演化程度更高的物種並沒有這根尖指。

禽龍／*Iguanodon*

A：約10公尺
B：白堊紀早期
C：歐洲、美國、亞洲

在比利時等地，有大量化石從同一個地點出土。學名意指「鬣蜥的牙齒（odon）」。

橡樹龍／*Dryosaurus*

A：約2.5～4.5公尺
B：侏儸紀晚期
C：美國、坦尚尼亞

牙齒形似橡樹※的葉片，所以被賦予有「橡樹的蜥蜴」之意的學名。有學者將其歸類為橡樹龍科。

※ 橡樹又稱櫟樹，樹葉呈螺旋狀排列。

福井龍／
Fukuisaurus

A：約5公尺
B：白堊紀早期
C：日本

> A…推估全長
> B…生存年代
> C…發現地區

在日本福井縣勝山市發現化石，於2003年公諸於世。雖然屬於禽龍類，體型卻偏小，血統應該更原始（福井龍無法橫向活動顎部）。有學者將其歸類為鴨嘴龍總科。

豪勇龍／
Ouranosaurus

A：約7～8公尺
B：白堊紀早期
C：尼日（西非）

部分構成脊椎的脊椎骨延伸出來，在背上形成「帆」（除了頭部以外，有這種特徵的鳥腳亞目很罕見）。學名中的「ourano」意指「勇猛」。有學者將其歸類為鴨嘴龍總科。

筆記

就如第12頁所述，曼特爾在1822年發現了禽龍的牙齒化石。由於該化石形似鬣蜥的牙齒，所以曼特爾將其命名為「鬣蜥的牙齒」（後來才了解那是恐龍的一部分）

想知道更多

禽龍過著群居生活。

07 嘴型形似鴨嘴獸的鴨嘴龍科

鴨嘴龍科（Hadrosauridae）

是鳥腳亞目中演化程度最高的類群，具有像鴨嘴獸那樣平坦的嘴型。擁有用於咀嚼、磨碎植物的「齒列」與靈活的顎部。

鴨嘴龍／*Hadrosaurus*

A：約8公尺？
B：白堊紀晚期
C：美國

進食的時候以雙腳站立，走路的時候則採用四足步行。「hadro」的意思是「重」。

慈母龍／*Maiasaura*

A：約9公尺
B：白堊紀晚期
C：美國

著名的育兒恐龍。1978年首次發現化石的時候，也一併出土了幼龍與成龍（幼體與成體）的族群及其巢穴。學名意指「慈母蜥蜴」。

鴨嘴獸

108

3 恐龍圖鑑② ～鳥臀目～

神威龍／
Kamuysaurus
A：約8公尺
B：白堊紀晚期
C：日本

A…推估全長
B…生存年代
C…發現地區

在日本北海道的鵡川町發現，所以過去稱之為「鵡川龍」，2019年才認定為新種恐龍。kamuy在愛奴語（北海道原住民的語言）中意指「神」。

埃德蒙頓龍／
Edmontosaurus
A：約13公尺
B：白堊紀晚期
C：加拿大、美國

過去根據頭部化石將其視為沒有頭冠的物種，不過近年來懷疑牠們長有由肉構成的頭冠。

齒列

鴨嘴龍科及角龍科的牙齒由於磨損而減少時會脫落，再從下方長出新的牙齒。這種構造叫作齒列（dental battery）。

此為上側

（→接續至第110頁）

想知道更多
鴨嘴獸是澳洲特有的哺乳類，從1300萬年前開始形貌幾乎沒有變化。

109

鴨嘴龍科（Hadrosauridae）

賴氏龍／*Lambeosaurus*
A：約9公尺
B：白堊紀晚期
C：美國、加拿大

擁有形似「相撲力士髮型」的頭冠。不僅雄、雌性的頭冠造型有所差異，幼龍與成龍（幼體與成體）也不盡相同。

青島龍／*Tsintaosaurus*
A：約10公尺
B：白堊紀晚期
C：中國

擁有形似廚師帽的頭冠。名為「青島的蜥蜴」，源自於發現化石的中國地名。

日本龍／*Nipponosaurus*
A：5公尺以上
B：白堊紀晚期
C：南庫頁島（現為俄羅斯薩哈林州）

1934年由日本人首次發現的恐龍化石，已知是幼龍（幼體）。

3 恐龍圖鑑②～鳥臀目～

副櫛龍／*Parasaurolophus*
A：約10公尺
B：白堊紀晚期
C：美國、加拿大

A…推估全長
B…生存年代
C…發現地區

是鴨嘴龍科中頭冠特別發達的物種之一。頭冠內側呈現中空（空心），從頂端一路連接到鼻孔。當空氣（鼻息）流經此處時會發出聲響，可能是用來與同伴互相溝通、或警告同伴有外敵來襲。

盔龍／*Corythosaurus*
A：約9公尺
B：白堊紀晚期
C：加拿大
棲息在白堊紀晚期的北美洲。學名意指「頭盔蜥蜴」。

想知道更多
發現日本龍的南庫頁島當時是日本領土，稱為南樺太地區。

111

08 頭部及臉部周圍花俏的「頭飾龍類」

「頭飾龍類」正如其名，是一種頭部周圍有發達裝飾的類群，分成厚頭龍科與角龍科。

厚頭龍科的頭骨如穹頂般隆起，相當厚實。此外，當牠們伸直硬挺的尾巴，似乎就能在保持平衡的狀態下以雙腳行走或奔馳。厚頭龍科還有一個特徵在於牙齒呈現尖銳狀，應能輕鬆切斷其主食植物。

頭飾龍類的分類

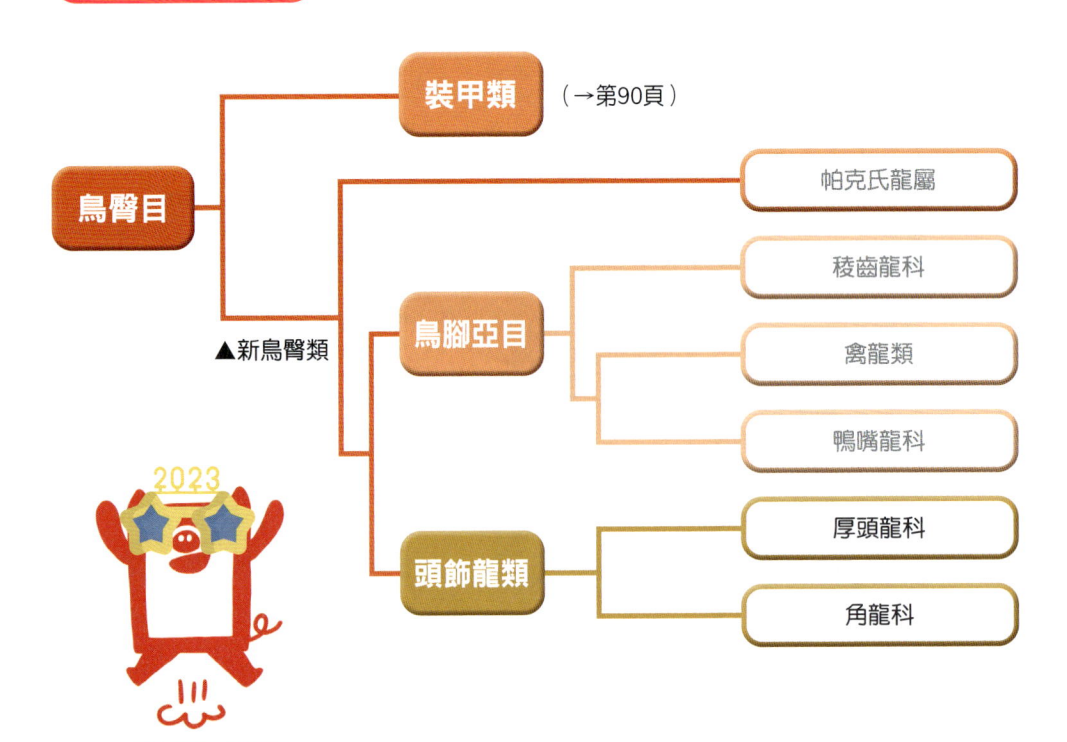

- 鳥臀目
  - 裝甲類（→第90頁）
  - 鳥腳亞目
    - 帕克氏龍屬
    - 稜齒龍科
    - 禽龍類
    - 鴨嘴龍科
  - 頭飾龍類
    - 厚頭龍科
    - 角龍科

▲新鳥臀類

112

厚頭龍科（Pachycephalosauridae）

A…推估全長
B…生存年代
C…發現地區

厚頭龍／*Pachycephalosaurus*

A：約4.5公尺
B：白堊紀晚期
C：美國

過去認為厚頭龍會用頭錘互撞來戰鬥，但是後來查明牠們的細頸不具有化解撞擊力的構造。另一方面，據說也有發現外力在頭骨表面留下傷痕（凹陷）的化石。

劍角龍／*Stegoceras*

A：約2公尺
B：白堊紀晚期
C：加拿大

是厚頭龍科中年代相對古老的物種。頭骨最厚的部分超過7公分。學名意指「有角的屋頂」。

（→接續至第114頁）

想知道更多
厚頭龍的學名意指「厚（pachy）頭（cephalo）的蜥蜴」。

厚頭龍科（Pachycephalosauridae）

冥河龍／
Stygimoloch

A：約3公尺
B：白堊紀晚期
C：美國

也有說法主張冥河龍是前頁登場的厚頭龍長大前的階段（亞成體）。學名中的「stygi」是指「斯堤克斯河」（Styx），相當於我們熟知的奈河（冥河）。「moloch」意指「惡魔」。

傾頭龍／
Prenocephale

A：約2.5公尺
B：白堊紀晚期
C：蒙古

學名意指「傾斜的頭」。雖然有發現保存狀況良好的頭部化石，但除此之外的部分就少有發現。

不可以打架喔！

A…推估全長
B…生存年代
C…發現地區

龍王龍／*Dracorex*
A：約2.5公尺
B：白堊紀晚期
C：美國

學名意指「龍（Draco）中之王（rex）」。有說法認為從骨骼的特徵等來判斷，應為厚頭龍的幼龍（幼體）。

平頭龍／*Homalocephale*（←）
A：約1.5～3公尺
B：白堊紀晚期
C：蒙古

學名意指「平坦的（homalo）頭（cephale）」。正如其名，頭頂既平坦又厚實。

高頂龍／*Acrotholus*（→）
A：約1.8公尺
B：白堊紀晚期
C：加拿大

學名意指「最高的穹頂」。目前只有發現頭頂部分的化石，其厚度約為6公分。在北美洲發現的厚頭龍科中，屬於最早期的物種。

想知道更多
位於厚頭龍科臉部及頭部周圍的突起或瘤塊皆由骨骼構成。

3 恐龍圖鑑②～鳥臀目～

115

09 「臉上有角」的角龍亞目！

　　雖然角龍亞目的學名叫作「Ceratopsia」（意指臉上有角），但實際上大多數角龍亞目長角（頭盾）的地方是在頭部及臉部周圍。此外，嘴喙具有「喙骨」、顴骨往橫向延伸也是牠們的特徵。繪於下方的「鸚鵡嘴龍」屬於原始物種之一，沒有長角。

小恐龍大集合！

鸚鵡嘴龍／
Psittacosaurus
A：約1.8公尺
B：白堊紀早期
C：中國、蒙古

　　從出生到長大（從孵化到成體）的過程最鮮為人知的恐龍之一。有發現1隻成龍（成體）與至少34隻幼龍（幼體）在0.5平方公尺的範圍內相互依偎的化石。此外在角龍亞目中，鸚鵡嘴龍的咬合力似乎偏弱，相對地，牠們的胃裡有協助消化植物的石頭（胃石）。有學者將其歸類為鸚鵡嘴龍科。

原角龍科（Protoceratopsidae）

A…推估全長
B…生存年代
C…發現地區

隱龍／*Yinlong*
A：約1.2公尺
B：侏儸紀晚期
C：中國

被視為最古老的角龍亞目恐龍。在中國的新疆維吾爾自治區發現，顯示出角龍亞目的起源在亞洲。學名意指「隱藏的龍」[編註]。雖然沒有犄角也沒有頭盾，仍擁有嘴喙、凸出的顴骨等角龍亞目特徵。

原角龍／*Protoceratops*
A：約2公尺
B：白堊紀晚期
C：中國、蒙古

形似鸚鵡嘴龍的原角龍科，應為邁入下個演化階段的恐龍。沒有犄角，不過有頭盾。有發現成體及剛出生的幼體等各種化石。學名意指「最早有角的臉」。

編註：根據發現者在《英國皇家學會學報》上的研究報告，命名參考了李安的電影《臥虎藏龍》（Crouching Tiger, Hidden Dragon），因隱龍的發現地點接近《臥虎藏龍》在新疆的拍攝地點。

（→接續至第118頁）

想知道更多
在似鳥龍（→第72頁）等恐龍身上也有發現胃石。

117

角龍科（Ceratopsidae）

角龍科進入白堊紀晚期以後變成四足步行，體型也變大了。此外，犄角、頭盾及尾刺（尾巴的棘刺）等裝飾形狀大小不一的物種相繼出現。此外，角龍科擁有齒列（→第109頁）。

尖角龍／*Centrosaurus*

A：約6公尺
B：白堊紀晚期
C：加拿大

在加拿大西部的亞伯達省發現。在進入北美洲演化的角龍科中屬於大小一般的物種，可能會組成巨大的群體生活。學名意指「尖刺蜥蜴」。

我這是耳朵不是角喔！

戟龍／*Styracosaurus*

A：約5.5公尺
B：白堊紀晚期
C：加拿大

正如其學名「有棘刺的蜥蜴」，頭盾上緣有發達的犄角。鼻梁上也有將近60公分的犄角。

想知道更多

一般認為，角龍科分成群居生活的種類與獨來獨往的種類。

A…推估全長
B…生存年代
C…發現地區

三角龍／*Triceratops*
A：約9公尺
B：白堊紀晚期
C：美國、加拿大

和暴龍在同個時期、同個地區（北美洲）生活，一直活到白堊紀結束的物種。有發現一定數量的化石。

3 恐龍圖鑑②～鳥臀目～

開角龍／*Chasmosaurus*
A：約7公尺
B：白堊紀晚期
C：加拿大

位於頭盾內側的骨骼有左右對稱的巨大開孔（chasmo），因而得名。

準角龍／*Anchiceratops*
A：約6公尺
B：白堊紀晚期
C：加拿大

在北美洲生活的物種，特徵是眼睛上方有朝外側彎曲的犄角。

119

下課時間

變成化石的齒痕

　　三角龍是出土化石數量眾多的恐龍之一。在這些化石中，因為遭到暴龍攻擊而受傷留下的齒痕，有時候會出現在頭盾或腰部的骨骼上。

　　此外，角龍科的頭骨化石偶爾會出現被相同物種（同類）刺傷的痕跡。這些傷痕可能是為了爭奪地盤，或雄性之間爭搶雌性時造成的傷口。

第 **4** 節課

恐龍時代的生物

大家知道「無齒翼龍」嗎？如果你的回答是：「在天空飛的恐龍！」很可惜這個觀念並不正確。牠們是有別於恐龍的爬蟲類。過去有各式各樣的爬蟲類在中生代的空中及海中生活。

我是睡眠中類……

01 過去有什麼生物在中生代的天空與海洋生活？

恐龍在中生代的陸地盛極一時，不過其他爬蟲類也同時在別的地方繁衍昌盛。主要的類群包括能在天空飛翔的「翼龍」，以及棲息在海中的「魚龍」、「蛇頸龍」與「滄龍」。

下一單元開始將詳細介紹關於牠們的各種知識。

蛇頸龍
（→第134頁）

滄龍
（→第138頁）

魚龍
（→第130頁）

想知道更多
右頁列舉的三類海洋生物稱為中生代的「三大海生爬蟲類」。

4 恐龍時代的生物

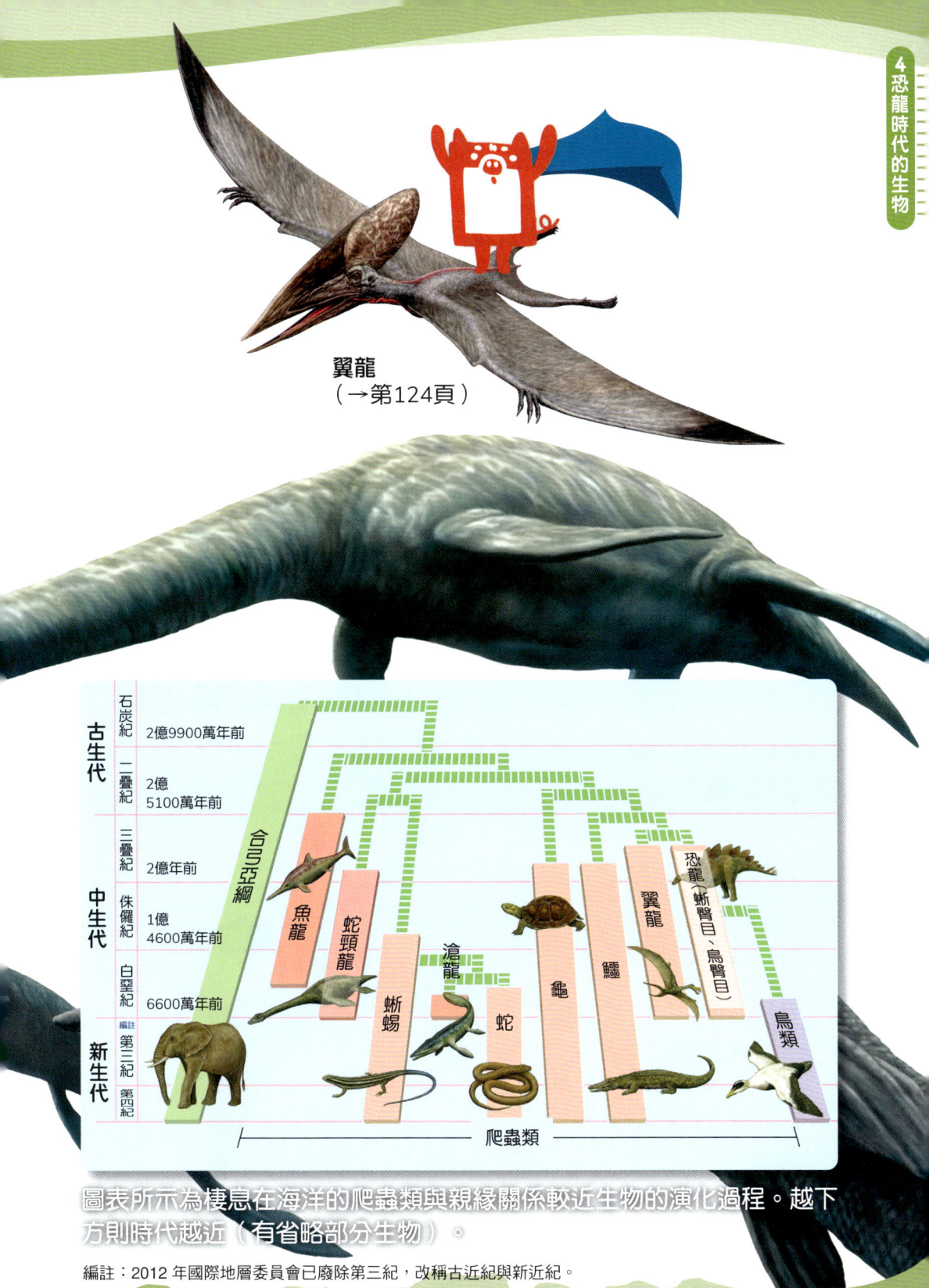

翼龍
（→第124頁）

古生代	石炭紀	2億9900萬年前
	二疊紀	2億5100萬年前
中生代	三疊紀	2億年前
	侏儸紀	1億4600萬年前
	白堊紀	6600萬年前
新生代	編註 第三紀 第四紀	

合弓亞綱 / 魚龍 / 蛇頸龍 / 蜥蜴 / 滄龍 / 蛇 / 龜 / 鱷 / 翼龍 / 恐龍（蜥臀目、鳥臀目）/ 鳥類

爬蟲類

圖表所示為棲息在海洋的爬蟲類與親緣關係較近生物的演化過程。越下方則時代越近（有省略部分生物）。

編註：2012 年國際地層委員會已廢除第三紀，改稱古近紀與新近紀。

123

02 翱翔天際的大型爬蟲類「翼龍」

　　首先是「翼龍」。翼龍主要分成兩大類。「喙嘴翼龍亞目」活躍於三疊紀末至侏儸紀之間，特徵是體型小、尾巴長。相對於此，活躍於侏儸紀晚期至白堊紀末的「翼手龍亞目」身體及頭部較大，尾巴偏短。此外，也有發現擁有長角及「帆」等，頭部造型各異的物種。

　　觀察翼龍化石，應該會發現其骨骼內部呈現中空狀（導致死後容易毀損，難以作為化石留存），這是為了盡可能地減輕自身重量，才能順利在空中飛翔。

　　有機會的話，大家也不妨比較看看雞骨與豬骨（肋排）的截面，或試著用力敲打。應該能實際感受到空隙多的鳥類骨骼有多麼脆弱。

A…推估翼展
B…生存年代
C…發現地區

曲頜型翼龍／
Campylognathoides
A：約1.7公尺
B：侏儸紀早期～中期
C：主要在德國
有發現股骨（大腿骨）的關節，為數較少的翼龍。

喙嘴翼龍亞目（Rhamphorhynchoidea）

真雙型齒翼龍／*Eudimorphodon*（↑）
A：約1公尺
B：三疊紀晚期
C：義大利
最古老的翼龍之一。顎部前方有鋸齒狀的牙齒。

喙嘴翼龍／*Rhamphorhynchus*（↑）
A：約40公分～1.5公尺
B：侏儸紀
C：主要在德國
嘴巴有往外長的牙齒，閉起嘴巴時牙齒會相互交錯。

雙型齒翼龍／*Dimorphodon*（←）
A：約1.5公尺
B：侏儸紀早期～中期
C：英國、墨西哥
特徵是巨大的顎部與修長的後腳。

（→接續至第126頁）

想知道更多
喙嘴翼龍類在飛行的時候，似乎是靠尾巴及頭冠來保持平衡或發揮「舵」的功能。

4 恐龍時代的生物

翼手龍亞目（Pterodactyloidea）

古神翼龍／*Tapejara*
A：約1.5公尺
B：白堊紀早期
C：巴西
從嘴部延伸出來的頭冠很獨特。

夜翼龍／*Nyctosaurus*（↑）
A：約2公尺
B：白堊紀晚期
C：美國
頭冠長約70公分
（也有學者認為頭冠之間有「帆」）。

翼手龍／*Pterodactylus*（↙）
A：約1公尺
B：侏儸紀晚期
C：德國
是翼龍中全球首次發現並為其命名的物種。學名意指「有翅膀的手指」。特徵在於大頭與短尾，應該是以昆蟲及甲殼類為食。

無齒翼龍／*Pteranodon*

A：約6公尺
B：白堊紀晚期
C：美國
沒有牙齒及牙齦的痕跡，應該是將魚等獵物整條吞下。

> A…推估翼展
> B…生存年代
> C…發現地區

風神翼龍／*Quetzalcoatlus*

A：約10公尺
B：白堊紀晚期
C：美國
史上最大的飛行動物，翅膀大小相當於一架小型飛機。也有說法主張，牠們會群聚在恐龍的屍體等處覓食（食腐動物）。

布爾諾美麗翼龍／*Bellubrunnus*

A：不明
B：侏儸紀晚期
C：德國
2012年公諸於世的翼龍，特徵是前端彎曲的翅膀。發現地在過去似乎靠近海岸，也有魚等化石一起出土。

想知道更多
「翼展」是指展開翅膀時左右兩端翼尖距離的長度。

下課時間

為什麼翼龍飛得起來？

仔細觀察翼龍的話，會發現牠們的形貌很不可思議。尤其翼手龍類的頭部碩大卻尾巴短小，應該也有人會懷疑：「這樣的身體真的有辦法飛嗎？」

就如第124頁所說的，翼龍的骨骼結構很輕盈。舉例來說，即便是翼展長達

我也好想飛喔！

從離地、飛翔到著陸的想像圖。根據足跡化石等物，可知翼龍在陸地上是以「四足」行走。

1. 在陸地上時採用四足步行。

2. 以雙腳站立，利用翅膀乘風。

3. 離地起飛。

6公尺以上的無齒翼龍，其體重應該也不會超過20公斤。此外，由於翅膀幾乎由輕薄卻強韌的皮膜構成，全身的重心※落在心臟附近，使翼龍得以維持穩定的飛行姿勢。

此外，飛行所需的力取決於翅膀的大小，翅膀越大就越能透過微弱的風力起飛。以無齒翼龍為例，只要有秒速5公尺左右這種自然界平常吹拂的風，應該就足以讓牠們飛起來。

※ 是指能夠維持平衡的身體中心處。

4.
飛翔。頭冠可能有「舵」的功能。

5.
上半身稍微往上仰，即可降低速度。

6.
著陸。收合翅膀，回到四足步行。

03 「魚龍」是眼睛很大的海豚？

　　「魚龍目」出現在三疊紀早期，屬於棲息在海洋的爬蟲類（海生爬蟲類）。其特徵在於巨大的眼睛、向前凸出的嘴部等形似海豚的樣貌，在演化過程中有各式各樣的物種相繼出現。以右頁上方的「大眼魚龍」為例，相對於其全長3～4公尺左右，牠們的眼睛直徑達到20公分^{編註}以上。此外，據傳在加拿大發現的「秀尼魚龍」（→第133頁）化石全長達到21公尺，而在路上行駛的大型巴士全長也不過大約11公尺，相較之下可知牠們有多麼巨大。

　　魚龍和蜥蜴、鳥等動物一樣，眼睛周圍有具穩定保護作用的「鞏膜環」骨骼。對該骨骼化石進行分析的結果顯示，這種構造應該能幫助牠們在暗處也能看到遠方的事物（夜視能力似乎比已經很厲害的「貓」更好）。魚龍在白堊紀中期左右滅絕。

編註：若以身高170公分的人類等比例換算，該人的眼睛直徑約10公分，是正常人類眼球直徑的4倍。

想知道更多▶
　　胎兒在母親腹中成長到一定程度的大小才會出生，即為「胎生」。

130

大眼魚龍／*Ophthalmosaurus*
白天似乎和鯨豚類一樣待在大海深處。此外，經常有頭足類（烏賊、章魚及菊石等）化石跟著魚龍化石一起出土。或許大眼魚龍也會獵捕這些生物當食物。

魚龍／*Ichthyosaurus*
推估全長：約2公尺
生存年代：三疊紀晚期～侏儸紀早期
發現地區：比利時、英國等

是魚龍中全球首次發現並為其命名的物種。魚龍類的正式名稱「魚龍目」（*Ichthyosauria*）源自魚龍（*Ichthyosaurus*）。至今為止發現的化石中也包括腹中懷著寶寶的化石，由此推斷牠們和人類一樣屬於胎生動物。

（→接續至第132頁）

鳥的鞏膜環

鞏膜環

魚龍目（Ichthyosauria）

狹翼魚龍／*Stenopterygius*
A：約3公尺
B：侏儸紀早期
C：英國、法國等
親緣關係與魚龍相近的物種。特徵是頭骨較小，應該是吃魚過活。此外，游泳速度似乎可達時速100公里。

切齒魚龍／*Temnodontosaurus*
A：約8公尺
B：侏儸紀早期
C：英國、德國

最大的特徵在於直徑20公分的大眼睛。擁有鋸齒狀牙齒，應該是以烏賊、章魚及菊石等為食（肉食性）。

秀尼魚龍／*Shonisaurus*（↓）
A：15～21公尺
B：三疊紀後半
C：美國、加拿大

學名意指「秀尼山（Shoshone Mountains）的蜥蜴」，源自於首個化石的發現地——美國內華達州的山脈名稱。其後，在加拿大發現了全長達到21公尺的化石，使其一躍成為最大的海生爬蟲類。

A⋯推估全長
B⋯生存年代
C⋯發現地區

歌津魚龍／*Utatsusaurus*（↓）
A：約3公尺
B：三疊紀早期
C：日本、加拿大

最早發現於日本宮城縣南三陸町（當時叫作歌津町），是全球最古老的魚龍。前後的鰭幾乎一樣大，沒有背鰭，此為經過演化的魚龍所沒有的原始特徵。

> **想知道更多**
> 在南三陸町也有發現「細浦魚龍」及「管之濱魚龍」。

4 恐龍時代的生物

04 在日本各地發現化石的「蛇頸龍」

　　「蛇頸龍」在魚龍之後登場，從三疊紀晚期延續了大約1億4000萬年，在全世界的海域繁衍興盛。蛇頸龍的樣貌及名字等特徵或許容易讓人誤解，其實牠們與恐龍的關係很遠。

　　蛇頸龍最大的特徵在於，脖子根部到頭頂的長度遠比尾

脊椎骨

雖然脊椎骨相接處（關節）只能小幅彎曲，不過整體還是能做到大角度彎曲。

頸椎（脖子的骨頭）

雙葉鈴木龍／*Futabasaurus suzukii*
推估全長：7～9公尺
生存年代：白堊紀晚期
發現地區：日本
1968年日本高中生鈴木直在福島縣磐城市的雙葉層群地層發現的雙葉龍。雙葉龍在日本國內稱為「雙葉鈴木龍」。

想知道更多
在《哆啦A夢：大雄的恐龍》中登場的「嗶之助」是雙葉鈴木龍。

巴更長※。不過，關於長頸有什麼功能及優點還有待查明。雖然在陸地上可以用長長的脖子取食高處的樹葉、樹果等，但是在海裡沒有類似的需求。此外，至今為止的研究結果顯示，當蛇頸龍試圖旋轉或抬起脖子時會有脫臼（相連的骨頭位移）的風險。

　　附帶一提，包含南極洲在內的所有大陸都有發現蛇頸龍的化石，日本各地也不例外。

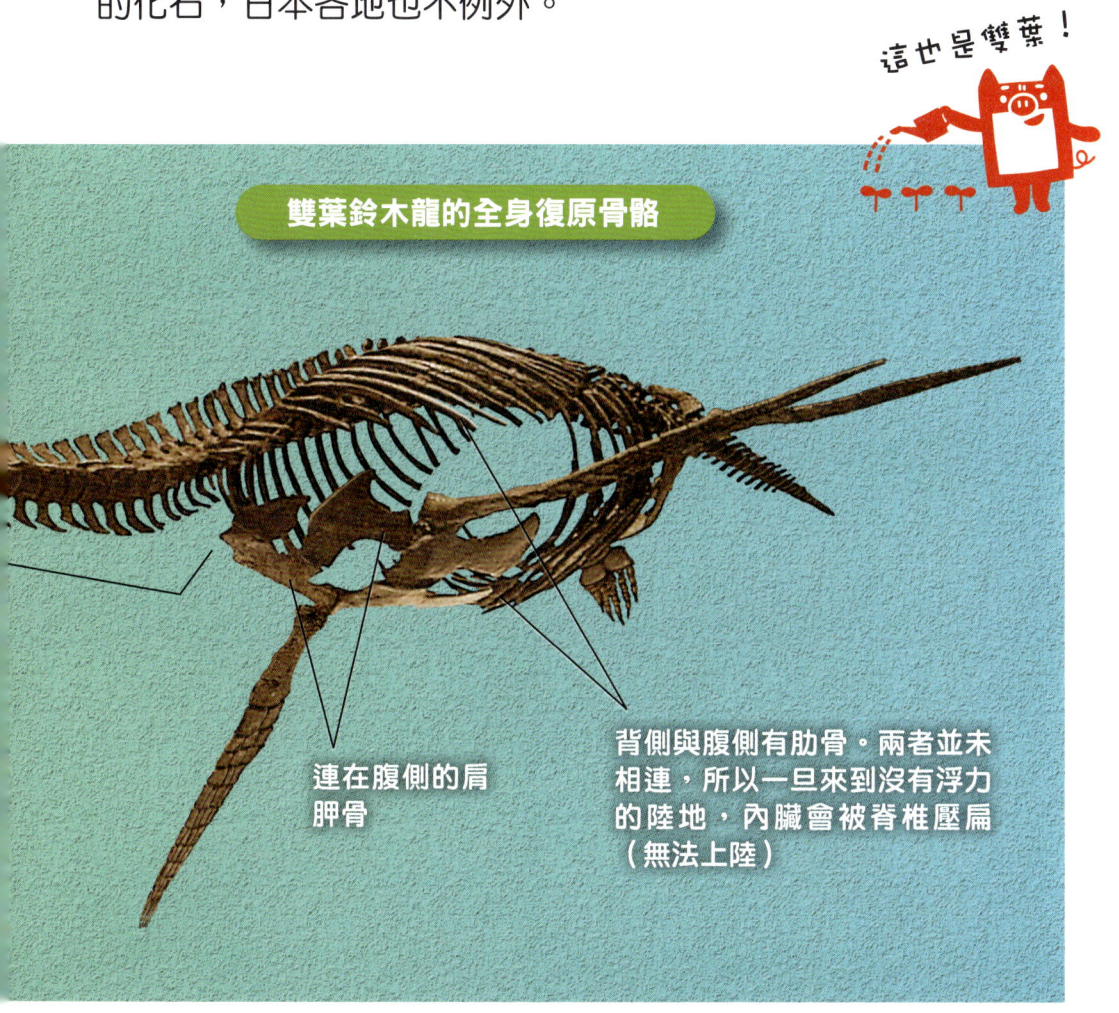

這也是雙葉！

雙葉鈴木龍的全身復原骨骼

連在腹側的肩胛骨

背側與腹側有肋骨。兩者並未相連，所以一旦來到沒有浮力的陸地，內臟會被脊椎壓扁（無法上陸）

※ 蛇頸龍也有脖子較短的種類（上龍亞目）。

蛇頸龍目（Plesiosauria）

薄板龍／*Elasmosaurus*（↓）
A：約14公尺
B：白堊紀晚期
C：美國

薄板龍的脖子有超過70個骨頭（脊椎骨），這個數量是長頸鹿的10倍以上。此外，雖然牠們具有尖銳的牙齒，但不是用來切斷食物，而是將獵物（小魚和海洋無脊椎動物）整條吞下。

A…推估全長
B…生存年代
C…發現地區

淺隱龍／*Cryptoclidus*
A：約8公尺
B：侏儸紀晚期
C：英國、法國、俄羅斯、南美

在蛇頸龍類中體型中等，擁有100顆左右的利齒。學名意指「隱藏的鎖骨」。有學者將其歸類為淺隱龍科。

克柔龍／*Kronosaurus*
A：約9～10公尺
B：白堊紀早期
C：澳洲、哥倫比亞

雖然是蛇頸龍目，卻屬於短頸物種。會利用巨大的顎部與圓錐形牙齒捕食海生爬蟲類及魚類。學名意指「克洛諾斯的蜥蜴」，「克洛諾斯」（Kronos）是希臘神話中巨人族之王的名字。有學者將其歸類為上龍科。

出口在那邊！

蛇頸龍／
Plesiosaurus（↖）
A：約3～5公尺
B：侏儸紀早期
C：英國

是蛇頸龍中全球首次發現並為其命名的物種，拉丁文學名意指「與蜥蜴相近者」。以魚、烏賊、章魚等為主食，善於捕捉泳速飛快之獵物。

想知道更多
也有從蛇頸龍化石的腹中發現菊石、雙殼類等的化石。

05 白堊紀晚期的海中霸王「滄龍」

　　「滄龍」在魚龍時代落幕以後（白堊紀晚期）繁衍興盛，只過了短短數百萬年就登上海洋生態系的頂點，成為最大最強的海生爬蟲類。

　　例如「海王龍」具有降低水中阻力的流線型身軀與鰭狀

A…推估全長
B…生存年代
C…發現地區

滄龍／*Mosasaurus*
A：12～18公尺
B：白堊紀晚期
C：荷蘭、美國、巴西等

是滄龍總科中體型最大者，擁有強健的骨骼。第一個化石的發現地點位於流經歐洲的馬士河（Maas）附近，所以取了有「馬士河的蜥蜴」之意的學名。

138

肢，可以隨心所欲地在海中游來游去。牠們擁有兩種牙齒：像牛排刀那樣適合切肉的尖銳「邊緣齒」，以及形狀較為圓潤、用來壓制口中獵物的「翼骨齒」，遇到任何獵物都能大飽口福。

　　實際上，從滄龍化石的腹中確實發現過魚、烏賊、章魚、菊石、海龜、海鳥等各種生物。此外，也有發現疑似遭同類咬傷而留下痕跡的化石，可以想見牠們察覺到什麼動靜就衝上去撕咬的姿態。

海王龍／*Tylosaurus*
A：6～15公尺左右
B：白堊紀晚期
C：美國、歐洲、日本、非洲等

想知道更多

至今為止在日本北海道的鵡川（穗別）町發現了4種滄龍的化石。

06 與**恐龍**活在**同個時代**的「同期生」

除了前面介紹過的幾種生物之外,還有各式各樣的物種生活在中生代。舉例來說,在白堊紀的北美海洋有種巨大海龜「古巨龜」,全長大約3~4公尺(甲殼長度超過2公尺)、全寬大約5公尺(甲殼寬度大約2公尺),體重可達2公噸。

此外,已知在三疊紀中期的歐洲,有種身形宛如酒桶的爬蟲類「盾齒龍」(盾齒龍科)。牠們似乎會利用厚板狀前齒刺穿魚等獵物,並透過後齒將其磨碎。

古巨龜／*Archelon*
A:約3~4公尺
B:白堊紀晚期
C:美國

史上最大的龜。從四肢的關節及肌肉連接方式來看,似乎難以潛入深海。此外,從力量集中在嘴部的構造來推測,應該會啃食菊石等生物。

想知道更多
普若斯菊石以身為全世界最大的菊石聞名(發現地區在德國)。

菊石／*Ammonoidea*

B：古生代志留紀～中生代白堊紀
C：全世界

屬於頭足綱（與烏賊、章魚同類），外殼的直徑從幾公分左右到長達2公尺（普若斯菊石：*Parapuzosia*）都有。在中生代迎來鼎盛時期，於白堊紀末滅絕。

盾齒龍／*Placodus*

A：約2公尺
B：三疊紀中期
C：德國、法國、波蘭、中國等

學名意指「平板牙齒」的爬蟲類。從前肢形狀來看，牠們可能不太擅長游泳，主要在淺灘生活。

A…推估全長
B…生存年代
C…發現地區

4 恐龍時代的生物

07 也有會吃恐龍的早期哺乳類！

雖然數量不多，不過也有一些哺乳類在中生代現蹤。

舉例來說，在三疊紀晚期出現的「始帶齒獸」就是最早期的物種之一。其體長8～9公分，屬於「摩爾根獸科」這個類群。牠們會趁著天敵較少的夜晚悄悄出來活動，捉到小動物以後，利用尖銳的牙齒來進食。此外，也有學者根據其下顎的構造等，將始帶齒獸視為「哺乳形類」而非哺乳類。

此外，白堊紀早期的「巨爬獸」是體型堪比大型犬的哺乳類。據說在中國遼寧省發現的巨爬獸化石腹中，竟然有年幼的鸚鵡嘴龍（幼體）。恐龍的天敵不是只有恐龍而已，聽起來很令人吃驚吧。

想知道更多

哺乳類在繼中生代之後的「新生代」成為了時代主角。

4 恐龍時代的生物

始帶齒獸

巨爬獸

鸚鵡嘴龍
（→第116頁）

143

下課時間

異常扭曲的菊石？

進入白堊紀以後,「異形菊石」開始出現,有些外殼如彈簧般扭曲,或是像煙管那樣又長又直。

在異形菊石中,最具代表性的當屬主要在北海道出土的「日本菊石」。其外殼乍看之下是「隨機」扭曲,其實是「平面旋轉」、「左螺旋」、「右螺旋」這三種方式交替出現。

目前對於為什麼演化成這種形狀尚無結論,還在研究中。

50mm

奇異日本菊石（*Nipponites mirabilis*）的化石。世界各地都有發現異常扭曲的菊石,但是其他物種的扭曲方式都沒有日本菊石這麼複雜。

第 **5** 節課

恐龍時代的終結、最新的恐龍研究

透過化石可以得知許多事情,包括恐龍是什麼樣的動物、以前過著什麼樣的生活。同樣地,殘留在地球上的各種痕跡,也蘊藏著解開當時環境及恐龍突然消失之謎的線索。

是這樣嗎⋯⋯!

01 曾經充滿二氧化碳的中生代

　　一般認為在恐龍稱霸的中生代，白堊紀是其中最溫暖的時代，原因在於地底活躍的岩漿活動，多座火山噴發，釋放出大量二氧化碳，大氣溫度因此上升。

　　由於氣溫上升，海水的表面溫度也隨之提高，溶氧量降

植被大幅改變的白堊紀

蕨類植物與裸子植物眾多的白堊紀前半（凡藍今期）

1億4600萬年前　　1億3000萬年前

| 貝里亞期(Be) | 凡藍今期(Vl) | 豪特里維期(Ha) | 巴列姆期(Ba) | 阿普第期(Ap) | 阿爾布期(Al) |

侏儸紀　白堊紀

三疊紀　　　　　　　　侏儸紀

中生代　1億4600萬年

低，使得氧氣難以抵達深層，海洋生物的生存受到威脅。另一方面在陸地上，乾燥地區逐漸擴大，導致原本喜歡潮濕的蕨類植物及裸子植物廣布的全球植被大幅變動，白堊紀末出現了繁茂的被子植物。

　　當時地球大氣似乎僅含有12～15%的氧氣^{編註}。以現代條件來比喻的話，這個氧氣濃度相當於待在海拔4000公尺的高山，接近人類能生活（能定居）的極限。

編註：目前地球大氣約含有21%的氧氣。

被子植物茂盛的白堊紀末期
（馬斯垂克期）

1億50萬年前　　　　　　　　　　　　　　　7000萬年前　6600萬年前

| 森諾曼期 (Ce) | 土侖期 (Tu) | 科尼亞克期 (Co) | 桑托期 (Sa) | 坎帕期 (Ca) | 馬斯垂克期 (Ma) |

白堊紀

6600萬年前

想知道更多

日後成為種子的部分外有保護構造者為被子植物，種子裸露在外者為裸子植物。

02 聖母峰的山頂有菊石化石

　　距今大約3億年前（即將邁入中生代時），地球上的所有大陸聚攏在一塊。這塊面積占據地球一半的超巨大大陸名為「盤古大陸」，而周遭的大海名為「泛古洋」。

　　盤古大陸在2億年前左右開始分裂，後來成為現在印度的部分（印度次大陸 編註）開始往北移動。一般認為，印度次大陸移動的距離超過6000公里，後來在大約5500萬～4500萬年前撞上了現在的歐亞大陸。

　　這個衝擊使海底及陸地隆起，形成喜馬拉雅山脈。也就是說，喜馬拉雅山脈的山頂曾經位於海裡。實際上，在喜馬拉雅山脈最高峰「聖母峰」的山頂附近，的確發現了菊石、在恐龍之前就出現的海洋生物「三葉蟲」及「海百合」等等的化石。

編註：雖然面積大於通常意義上的半島，但又小於亞洲大陸，所以稱為次大陸。

想知道更多

聖母峰在尼泊爾叫作「薩加瑪塔峰」，在西藏叫作「珠穆朗瑪峰」。

148

移動的大陸

大約3億年前
盤古大陸　泛古洋
古地中海

大約1億5000萬年前（中生代侏儸紀）
勞亞古陸
岡瓦納古陸
印度次大陸

大約1億3000萬年前（中生代白堊紀）

大約7000萬年前（白堊紀結束）

筆記

世界各地都有發現身體構造不適合游泳的水龍獸（→第24頁）化石，是盤古大陸曾經存在的其中一個證據。

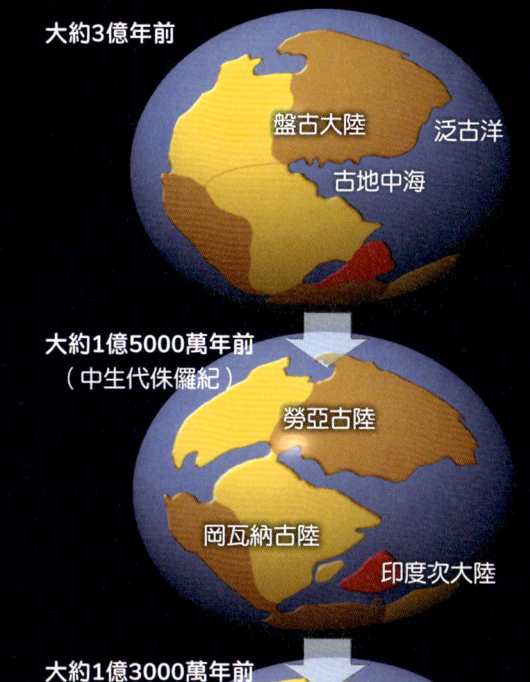

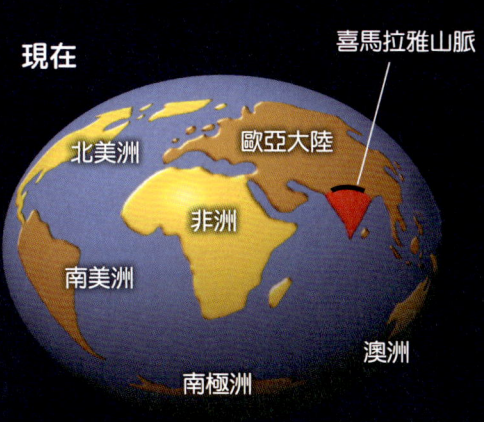

現在
喜馬拉雅山脈
北美洲　歐亞大陸
非洲
南美洲
南極洲　澳洲

印度次大陸與歐亞大陸相撞，變成現在的印度。

149

03 遍布各個地區並持續演化的恐龍

進入大約1億7000萬年前的中生代侏儸紀中期以後,盤古大陸開始分裂,分成北方的「勞亞古陸」與南方的「岡瓦納古陸」。勞亞古陸後來變成了現在的北美洲與歐亞大陸(歐洲及亞洲等)。

前往「北美洲」的暴龍類

現在的「白令海峽」
勞亞古陸
(現在的北美洲)
(現在的亞洲)
勞亞古陸
暴龍類

※ 植物插圖監修:日本千葉縣立中央博物館 上席研究員 齊木建一博士

新種恐龍排丼飯!

150

以暴龍類為例，牠們在現在的歐洲誕生、在亞洲演化，但是在相距遙遠的北美洲仍有相關化石出土。一般認為，這是因為有一些暴龍類透過當時還相連的大陸通道，徒步進入了北美洲所致。此外，歐洲代表性的禽龍類也一樣，在北半球各地都有發現牠們的化石。

盤古大陸在白堊紀結束前完全分裂開來，從此恐龍便在不同的環境中各自演化，這也是恐龍衍生出各種特徵及種類的由來。

（→接續至第152頁）

遍布東西方的禽龍類

勞亞古陸
（現在的北美洲）
（現在的歐洲）
（現在的亞洲）
禽龍類
（現在的南美洲）
（現在的非洲）
岡瓦納古陸

禽龍等小型植食性恐龍的生活範圍似乎從（現在的）歐洲擴展至北美洲或亞洲。此外，圖中的大陸分布為大約1億年前的狀況。

想知道更多

岡瓦納古陸後來變成了現在的南美洲、非洲、澳洲及南極洲。

5 恐龍時代的終結、最新的恐龍研究

恐龍在各個大陸獨自演化

插圖所示為三疊紀晚期、侏儸紀晚期、白堊紀晚期的大陸分布，以及居住在該地區的主要恐龍。●的顏色代表何種恐龍曾經出現在哪塊大陸。

恐龍化石的發現地區
- ● 南美洲
- ● 亞洲
- ● 歐洲
- ● 北美洲
- ● 澳洲、南極洲
- ● 非洲

三疊紀晚期

- ● 槽齒龍
- ● 虛形龍
- ● 板龍
- ● 始盜龍
- ● 艾雷拉龍
- ● 鼠龍
- ● 南十字龍
- ● 里奧哈龍

亞洲／歐洲／北美洲／非洲／南美洲／澳洲、南極洲

侏儸紀晚期

- ● 豬形龍
- ● 沱江龍
- ● 單冠龍
- ● 祿豐龍
- ● 圓頂龍
- ● 蜀龍
- ● 馬門溪龍
- ● 嗜鳥龍
- ● 勒蘇維斯龍
- ● 華陽龍
- ● 中華盜龍
- ● 彎龍
- ● 美頜龍
- ● 劍龍
- ● 迷惑龍
- ● 異特龍
- ● 梁龍
- ●● 角鼻龍
- ● 奧斯尼爾龍
- ● 雙冠龍
- ● 巴塔哥尼亞龍
- ● 皮亞尼茲基龍
- ● 腕龍
- ● 冰冠龍
- ● 釘狀龍
- ● 叉龍
- ● 巨腳龍
- ● 畸齒龍
- ●● 橡樹龍
- ● 瑞拖斯龍

亞洲／北美洲／歐洲／非洲／南美洲／澳洲、南極洲

想知道更多
現在的「北極」是指北緯66度33分以北的地區而非大陸，大部分都是海洋。

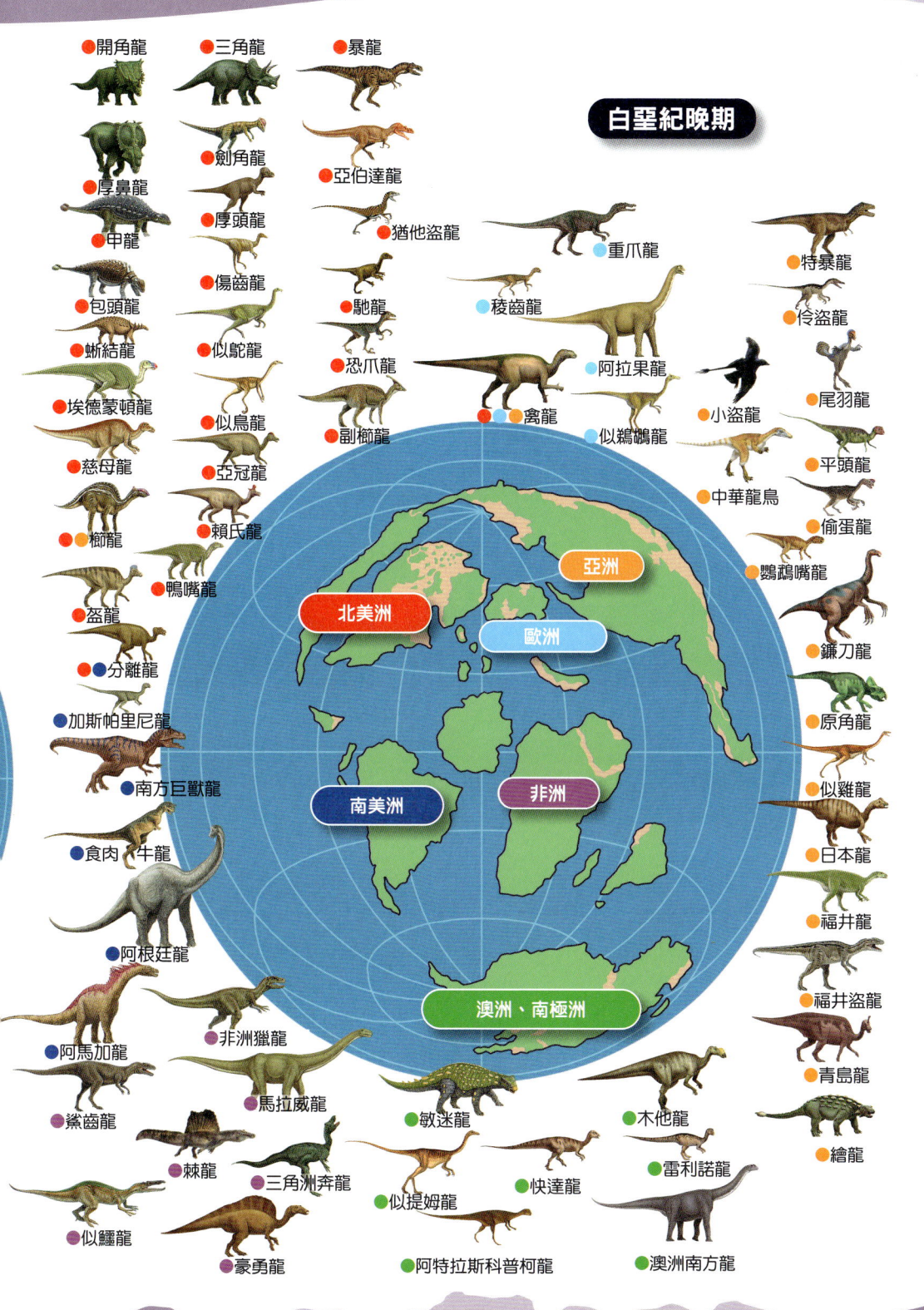

5 恐龍時代的終結、最新的恐龍研究

白堊紀晚期

北美洲
- 開角龍
- 三角龍
- 暴龍
- 厚鼻龍
- 劍角龍
- 亞伯達龍
- 甲龍
- 厚頭龍
- 猶他盜龍
- 包頭龍
- 傷齒龍
- 馳龍
- 蜥結龍
- 似鴕龍
- 恐爪龍
- 埃德蒙頓龍
- 似鳥龍
- 副櫛龍
- 慈母龍
- 亞冠龍
- 櫛龍
- 賴氏龍
- 盔龍
- 鴨嘴龍
- 分離龍

南美洲
- 加斯帕里尼龍
- 南方巨獸龍
- 食肉牛龍
- 阿根廷龍
- 阿馬加龍
- 鯊齒龍
- 棘龍
- 三角洲奔龍
- 似鱷龍
- 豪勇龍

非洲
- 非洲獵龍
- 馬拉威龍
- 敏迷龍
- 似提姆龍
- 阿特拉斯科普柯龍

歐洲
- 重爪龍
- 稜齒龍
- 阿拉果龍
- 禽龍
- 似鵜鶘龍

亞洲
- 特暴龍
- 伶盜龍
- 尾羽龍
- 小盜龍
- 平頭龍
- 中華龍鳥
- 偷蛋龍
- 鸚鵡嘴龍
- 鐮刀龍
- 原角龍
- 似雞龍
- 日本龍
- 福井龍
- 福井盜龍
- 青島龍
- 繪龍

澳洲、南極洲
- 木他龍
- 快達龍
- 雷利諾龍
- 澳洲南方龍

153

04 恐龍的時代在何時落幕？為什麼會結束？

大約6600萬年前，發生了某個重大「事件」。直徑10公里左右的小行星從外太空飛來，撞上地球海洋的淺灘，引發了巨大的海嘯及大規模的森林火災。不僅如此，揚起的大量細微粉塵遮蔽了照射至地表的陽光，導致地表溫度大幅下

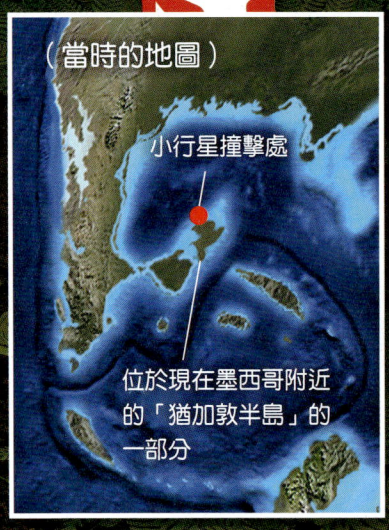

（當時的地圖）

小行星撞擊處

位於現在墨西哥附近的「猶加敦半島」的一部分

（←）
小行星撞擊處
世界各地大約6600萬年前的地層中含有大量（高濃度）名為「銥」的物質。地球上幾乎沒有銥，但是部分小行星及隕石含有不少銥。

想知道更多
從「小行星撞擊事件」引發的滅絕危機中逃過一劫的生物，後來發展成現在的生態系。

降、無法行光合作用的大量植物死亡等等，地球環境發生劇烈變動。據說除了鳥類以外的恐龍，加上當時生物中75%左右的物種都受到波及而滅絕。

　　墨西哥東南部「猶加敦半島」的地底至今仍保有直徑大約200公里的巨大隕石坑，此即當時小行星撞擊所留下的痕跡。此外，也有隨著大海嘯沖來的物體，或是森林大火肆虐過的痕跡。

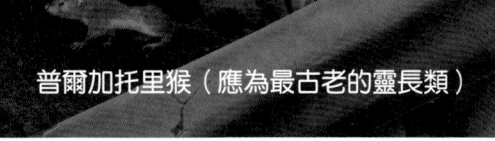

5 恐龍時代的終結、最新的恐龍研究

普爾加托里猴（應為最古老的靈長類）

05 繼恐龍之後稱霸陸地的「恐鶴」

恐龍消失以後，也就是剛邁入新生代（大約6600萬年前～現在）的時期，地球上是怎樣的一幅光景呢？

新生代也被稱為哺乳類的時代，不過早期只有小型的「真獸類」（現在的哺乳類大多屬於此類）以及「有袋類」（袋鼠等動物的祖先）。恐龍滅絕後，牠們承接了恐龍原本生活的場所及食物，一口氣演化出許多物種。

此外，從滅絕事件中倖存的鳥類，應該至少曾在南美洲登上生態系的頂點。左圖是其中一種恐鶴[※]「曲帶恐鶴」。曲帶恐鶴不會飛，過著在陸地上四處奔走的生活。當時的南美洲已經出現像狗的肉食性有袋類，但是大型物種尚未登場。

※ 恐鶴又稱為駭鳥，與12世紀滅絕的紐西蘭「恐鳥」不同目。

想知道更多
鼩負鼠的後代現在仍在南美洲生活。

曲帶恐鶴（Phorusrhacos）

身高1～3公尺的曲帶恐鶴正在捕食小型有袋類「鮑負鼠」。

下課時間

大滅絕事件一共發生過5次！

地球至今以來至少發生過5次大滅絕，分別在6600萬年前的白堊紀末（①）、2億年前的三疊紀末（②）、早於中生代的2億5200萬年前（古生代二疊紀末：③）、3億7400萬年前（古生代泥盆紀晚期：④）、4億4000萬年前（古生代奧陶紀末：⑤）。從這些年代的地層前後出土的化石中，生物種類有相當大的變化。

此外，大滅絕造成物種數量銳減也是已知事實。左圖所示為從6億年前到現在，海洋無脊椎動物（沒有脊椎的動物）類群的種數變化。

關於引發大滅絕事件的原因，還有很多無法確定的部分。這是因為事件年代過於久遠，保存下來的線索太少的緣故。

人類（哺乳綱）

種數（科數）

現在

根據美國芝加哥大學古生物學家塞科斯基（Jack Sepkoski）教授製作的圖表繪製而成。塞科斯基教授將海洋生物分成三類：「寒武紀動物群」、「古生代動物群」以及「現代動物群」。

06 無法想像！缺氧狀態下該怎麼呼吸？

　　就如第147頁所述，中生代的地球處於「缺氧狀態」。對當時的生物來說，待在這種環境絕對不好受，但是恐龍卻成功地讓身體習慣（適應）了。

　　虛形龍等原始獸腳類、身形巨大的蜥腳形亞目（蜥腳亞

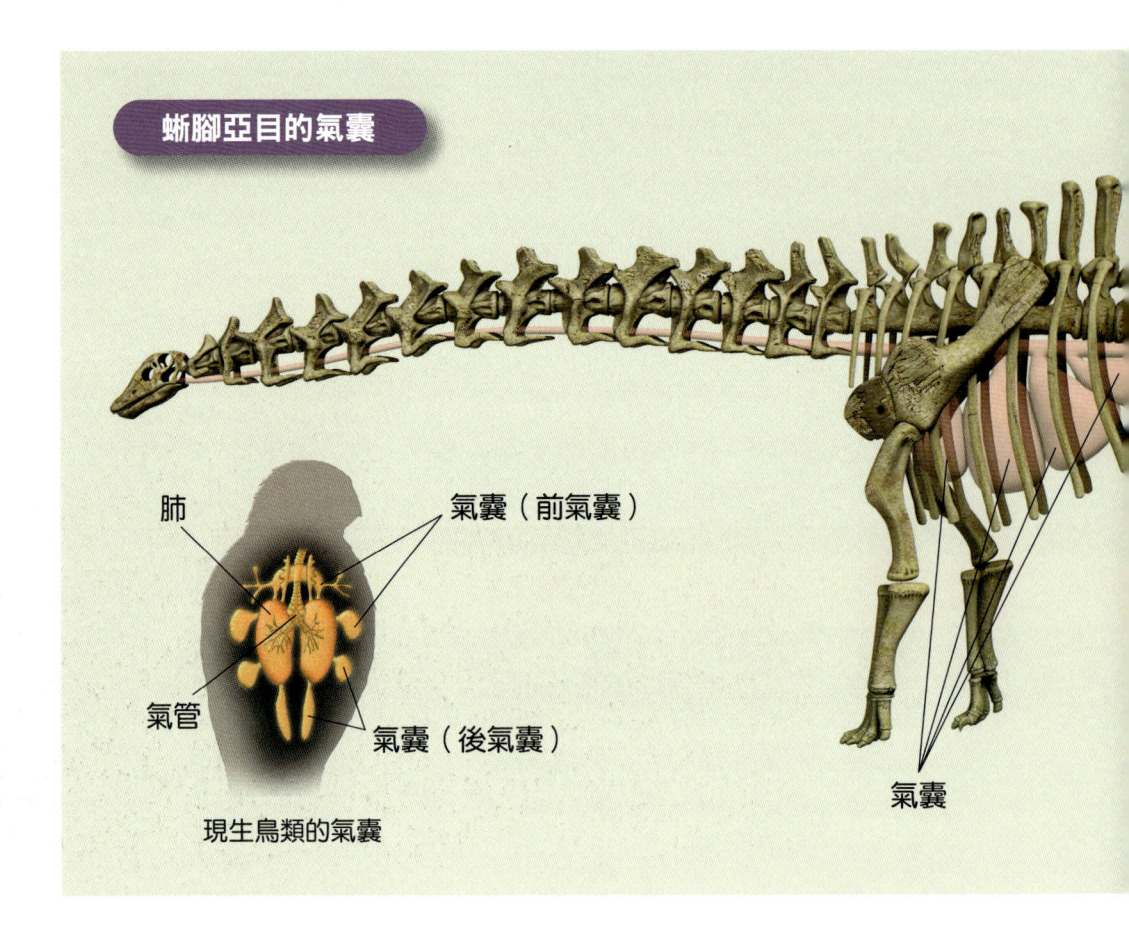

蜥腳亞目的氣囊

肺
氣囊（前氣囊）
氣管
氣囊（後氣囊）
現生鳥類的氣囊

氣囊

160

目）擁有能運用「氣囊」呼吸的身體構造。氣囊是體內的袋狀器官，能夠暫時貯存或釋出空氣來協助肺部運作。一般認為在氣囊的作用下，隨時都有足夠的氧氣運送至肺部，所以虛形龍等恐龍呼吸時能獲得足夠的氧氣。

此外，這種呼吸構造後來也由現生鳥類繼承。部分鳥類之所以能夠飛越空氣稀薄的8000公尺級山岳，便是仰賴氣囊的功能。

虛形龍的氣囊

肺　氣管　前氣囊　後氣囊

想知道更多
蜥腳亞目的氣囊也具有減輕體重的效果。

5 恐龍時代的終結、最新的恐龍研究

161

07 無法想像！獸腳類是如何演化成鳥類？

　　鳥類是從恐龍中的獸腳類演化而來。牠們是怎麼發展出飛行能力的呢？

　　在獸腳類中，有些物種像似鳥龍（→第72頁）那樣擁有羽翼（羽毛）。不過，這對羽翼的功能並不是飛翔，應是用於威嚇外敵或在繁殖期追求雌性。後來，像始祖鳥（→第88頁）這類具有「飛羽」、肩膀關節能橫向活動（能拍打翅膀）的物種開始出現，不過此時似乎還沒發展出完善的飛行能力，頂多從樹上像紙飛機那樣滑翔而已。

　　進一步演化以後，牠們的胸骨變大，胸部也發展出強壯的肌肉。除此之外，尾骨變短、骨骼內部形成孔洞（體重變輕）等特徵，也讓適合飛行的身體逐漸成形。經過這些演變，鳥類終於得以自由自在地翱翔天際。

我可以體會想飛的心情！

想知道更多
在恐龍類中，只有鳥類逃過滅絕危機的原因還有待調查。

恐龍獲得翅膀的過程

1. 長在手臂上的羽毛變成羽翼，出現翅膀的雛形。能夠將整隻手臂折疊收合。

2. 肩膀關節能夠橫向活動。翅膀上長出飛羽。

3. 長出「小翼羽」（用於掌控氣流的羽毛）。尾骨變短，胸骨開始變大。

4. 發展出宛如「護胸」的骨骼（龍骨突）以及許多胸部肌肉，拍打翅膀就能飛翔。尾巴變短，飛行時能夠穩定身體。

鱗片變成羽毛的過程

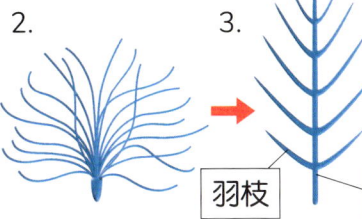

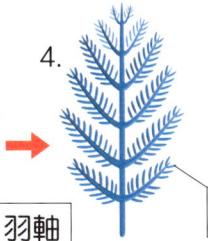

1. 2. 3. 4.

羽枝　羽軸　小羽枝

首先，鱗片延伸出宛如「尖刺」的構造（1），變成像蒲公英軟毛的構造（絨羽）（2）。接著變成像樹的形狀（3），最終形成羽毛（4）。繼續演化下去就會變成飛羽。

163

08 推估的恐龍形貌可能會改變

　　圖鑑上的恐龍並不是根據實際外貌進行繪製，頂多根據至今以來發現的化石等資料來推估。也就是說，當發現新的化石、研究有所進展時，人們對其形貌的認知可能會有很大的變化。

　　以暴龍為例，當初對這種恐龍的想像是尾巴拖曳在地上行走的怪獸。直到進入1990年代以後，才修正成像現在這樣身體前傾的姿態。在那之後，又確認到在某種暴龍化石上有羽毛，所以有不少插圖將其繪成身上覆有羽毛的模樣，不過現在是以「至少身體有一部分是鱗片」的說法較有說服力。

　　此外，棘龍也是形貌有過很大變動的恐龍之一。長年以來，人們將棘龍畫成和其他獸腳類一樣以雙足站立的模樣，但是較新的化石研究結果顯示，牠們更接近以四隻腳在水中游泳的模樣。

我鍛鍊出來的！

想知道更多
棘龍化石在 1912 年發現，卻在第二次世界大戰中被燒毀了。

有所變化的棘龍模樣

過去復原的模樣
有很長一段時間，將其畫成和其他獸腳類一樣以雙足站立的模樣。

現在復原的模樣
2014年時，改為以四隻腳在水中游泳的模樣。到了2020年，尾巴形狀變得像鱷尾般粗壯。

棘龍有很長一段時間被視為「充滿謎團的恐龍」，但是2009年發現新化石以後，研究終於有所進展。該化石的骨骼密度很高（內部緊實），揭示了棘龍過去在水中生活的可能性。

09 恐龍的顏色並不是想像出來的？

或許有些人認為，即使恐龍的形貌可以透過研究來分析，恐龍的「顏色」卻只能靠想像來描繪。長年以來，「無人知曉恐龍的顏色」的確是事實。不過，2010年的某項研究卻翻轉了這項認知。

中華龍鳥

圓形黑色素體的示意圖

從長在中華龍鳥（→第71頁）尾巴根部的纖維狀羽毛痕跡，發現了圓形的黑色素體。

我是紅色的！

166

恐龍的羽毛（化石）及現生鳥類的羽毛內含「黑色素體」，這些小顆粒是顏色的來源。黑色素體若為圓形，就會顯現「褐色及暗紅色」；倘若呈現杏仁形，則含有構成「灰色及黑色」的色素。

以電子顯微鏡對中華龍鳥化石上的羽毛痕跡進行調查，結果發現其身體為紅褐色，尾巴帶有紅褐色與白色條紋。後來也從中國鳥龍、近鳥龍、小盜龍、始祖鳥等的化石中找到黑色素體，陸續釐清這些生物的顏色。

中國鳥龍

中國鳥龍的羽毛痕跡留有圓形及杏仁形這兩種黑色素體。或許牠們的體色宛如迷彩，顏色會隨著部位而異。

杏仁形黑色素體的示意圖

想知道更多

人類的皮膚（斑等）也含有黑色素體。

10 在日本發現的恐龍化石

　　日本群島在很久以前是大陸的一部分，所以有很多恐龍曾經在那裡生活。日本首次發現恐龍化石是在1978年，出土部位屬於蜥腳亞目的部分肱骨（前腳中離軀幹較近的骨頭），由於發現地位於岩手縣岩泉町茂師，所以將該化石暱稱為「茂師龍」。

　　「手取層群」是日本著名的恐龍化石發現地，範圍橫跨福井、石川、富山、岐阜、長野、新潟縣。該地層在侏儸紀晚期至白堊紀早期之間形成，尤其位於福井縣勝山市的「北谷層」有發現各式各樣的物種，包括福井盜龍（→第63頁）、福井龍（→第107頁）、福井巨龍（蜥腳形亞目的泰坦巨龍類）、福井鳥等等。

> **想知道更多**
> 茂師龍還沒有學名。（因未符合《國際動物命名法規》）

友誼丹波巨龍 / *Tambatitanis amicitiae*

從位於兵庫縣丹波市的白堊紀早期地層「篠山層群」發現的蜥腳亞目（泰坦巨龍類）。以暱稱「丹波龍」為人所知（→第87頁）。照片為經過復原的全身骨骼。

福井盜龍、福井龍等
位於福井縣的北谷層有多個物種的化石出土。右圖是名為福井鳥的白堊紀早期原始鳥類。

福井鳥

日本神威龍 / *Kamuysaurus japonicus*

1 m

在北海道鵡川町發現的白堊紀晚期鳥腳亞目（鴨嘴龍科，→第109頁）。在2019年以前，發現了全身80%的化石。

下課時間

什麼是「學名」？

許多恐龍的名字都是以全球共通的「學名」來命名。學名規定要用「屬名」（該恐龍所屬的類群）與「種小名」的組合來書寫。

舉例來說，雷克斯暴龍（*Tyrannosaurus rex*）的「暴龍」為其屬名，「雷克斯」為其種小名。用更簡單的方式來說明，「暴龍」相當於稱呼別人「陳先生」、「林小姐」。附帶一提，種小名未知的物種寫作「*sp.*」。

學名大多與描述恐龍特徵的詞彙有關，不過也會有根據化石發現地、發現者名字來取名的狀況。附帶一提，「暴龍」有「暴君蜥蜴」之意，「雷克斯」代表的是「王者」。

快點去買冰淇淋回來！

暴君……

用作學名的詞	意義
agili	敏捷的
archaeo	古代的
eu	出色的
eo	開始、黎明
odon	牙齒
onyx	指甲、鉤爪
ornis	鳥
ornitho	鳥
oro	山
carno	肉食性
giga	巨大的
cryo	結凍的
cephalo	頭
cera	角
coelo	中空的（空心的）
compso	纖細的
saur（saurus）	蜥蜴
sino	中國
suchus	鱷
stego	屋頂、遮蔽物
spondylus	脊椎（脊椎骨）
di	兩個的
titano	巨大的
deino	可怕的
dino	可怕的
tri	三個的
ops	臉
troo	傷害
odon（odont）	牙齒
nano	小的
onyx	指甲、鉤爪
neo	新的
pachy	厚的
para	相似的
pteryx	翅膀、羽翼
ptero	羽毛、羽翼
brachy	短的
pro	前面的（更早的）
proto	最初的
venator	獵人
veloci	迅速的
maia	慈母
micro	小的
mimus	模仿、相似者
mega	大的、巨大的
mono	一個的
raptor	小偷
rex	王者
lepto	小的、細的
lopho（lophus）	冠

圖表所示為經常用作恐龍學名的詞及其大致意義。附帶一提，這些詞並非英文，而是包含英文在內歐洲各國所用之大多數文字的祖先「拉丁文」。

171

十二年國教課綱對照表

頁碼	單元名稱	階段/科目	《恐龍學校》十二年國教課綱自然科學領域學習內容架構表
020	恐龍出現於大約2億3000萬年前	國小/自然	INc-III-9　不同的環境條件影響生物的種類和分布。
		國中/生物	Gb-IV-1　從地層中發現的化石，可以知道地球上曾經存在許多的生物，但有些生物已經消失了。
022	比現在更溫暖的恐龍時代	國小/自然	INc-II-8　不同的環境有不同的生物生存。 INb-III-8　生物可依其形態特徵進行分類。 INc-III-8　在同一時期，特定區域上，相同物種所組成的群體稱為「族群」。 INc-III-9　不同的環境條件影響生物的種類和分布，以及生物間的食物關係，因而形成不同的生態系。
		國中/生物	Da-IV-3　多細胞個體具有細胞、組織、器官、器官系統等組成層次。 Gc-IV-1　依據生物形態與構造的特徵，可以將生物分類。
024	最早橫行地球的霸主是鱷魚的祖先！	國小/自然	INa-III-10　在生態系中，能量經由食物鏈在不同物種間流動與循環。 INc-III-8　在同一時期，特定區域上，相同物種所組成的群體稱為「族群」。 INc-III-9　不同的環境條件影響生物的種類和分布，以及生物間的食物關係，因而形成不同的生態系。
		國中/生物	Bd-IV-3　生態系中，生產者、消費者和分解者共同促成能量的流轉和物質的循環。
028	白堊紀有很多種暴龍	國小/自然	INc-III-9　不同的環境條件影響生物的種類和分布，以及生物間的食物關係，因而形成不同的生態系。
		國中/地科	Ia-IV-3　板塊之間會相互分離或聚合。
030	恐龍其實屬於爬蟲類	國小/自然	INb-III-8　生物可依其形態特徵進行分類。 INc-III-8　在同一時期，特定區域上，相同物種所組成的群體稱為「族群」。
		國中/生物	Gc-IV-1　依據生物形態與構造的特徵，可以將生物分類。
032	雖然外觀不同，卻擁有同樣的骨骼構造！	國小/自然	INb-III-8　生物可依其形態特徵進行分類。 INc-III-8　在同一時期，特定區域上，相同物種所組成的群體稱為「族群」。
		國中/生物	Gc-IV-1　依據生物形態與構造的特徵，可以將生物分類。
036	經過8000萬年演化，全長增大30倍	國小/自然	INb-II-4　生物體的構造與功能是互相配合的。 INb-II-7　動植物體的外部形態和內部構造，與其生長、行為、繁衍後代和適應環境有關。 INb-III-6　動物的形態特徵與行為相關，動物身體的構造不同，有不同的運動方式。
038	巨大化代表身體變重		
040	吊橋與恐龍有共同點	國小/自然	INb-II-4　生物體的構造與功能是互相配合的。 INb-II-7　動植物體的外部形態和內部構造，與其生長、行為、繁衍後代和適應環境有關。 INc-II-3　力的表示法，包括大小、方向與作用點等。
		國中/理化	Eb-IV-13　對於每一作用力 都有一個大小相等、方向相反的反作用力。

044	暴龍短小的前肢有什麼用處？	國小/自然	INb-Ⅱ-4 生物體的構造與功能是互相配合的。 INb-Ⅱ-7 動植物體的外部形態和內部構造，與其生長、行為、繁衍後代和適應環境有關。 INb-Ⅲ-6 動物的形態特徵與行為相關，動物身體的構造不同，有不同的運動方式。
046	恐龍的移動速度很快嗎？	國小/自然	INb-Ⅲ-6 動物的形態特徵與行為相關，動物身體的構造不同，有不同的運動方式。
048	暴龍的顎部連骨頭都能咬碎！	國小/自然	INb-Ⅱ-4 生物體的構造與功能是互相配合的。 INb-Ⅱ-7 動植物體的外部形態和內部構造，與其生長、行為、繁衍後代和適應環境有關。
050	嗅覺靈敏的暴龍		
054-120	恐龍圖鑑①②	國小/自然	INb-Ⅲ-8 生物可依其形態特徵進行分類。 INc-Ⅲ-8 在同一時期，特定區域上，相同物種所組成的群體稱為「族群」。
		國中/生物	Gc-Ⅳ-1 依據生物形態與構造的特徵，可以將生物分類。
122	過去有什麼生物在中生代的天空與海洋生活？	國小/自然	INb-Ⅲ-8 生物可依其形態特徵進行分類。 INc-Ⅲ-8 在同一時期，特定區域上，相同物種所組成的群體稱為「族群」。
		國中/生物	Gc-Ⅳ-1 依據生物形態與構造的特徵，可以將生物分類。
124	翱翔天際的大型爬蟲類「翼龍」	國小/自然	INb-Ⅱ-4 生物體的構造與功能是互相配合的。 INb-Ⅱ-7 動植物體的外部形態和內部構造，與其生長、行為、繁衍後代和適應環境有關。 INb-Ⅲ-6 動物的形態特徵與行為相關，動物身體的構造不同，有不同的運動方式。 INb-Ⅲ-8 生物可依其形態特徵進行分類。 INc-Ⅲ-8 在同一時期，特定區域上，相同物種所組成的群體稱為「族群」。
		國中/生物	Gc-Ⅳ-1 依據生物形態與構造的特徵，可以將生物分類。
128	為什麼翼龍飛得起來？	國小/自然	INb-Ⅱ-4 生物體的構造與功能是互相配合的。 INb-Ⅱ-7 動植物體的外部形態和內部構造，與其生長、行為、繁衍後代和適應環境有關。 INb-Ⅲ-6 動物的形態特徵與行為相關，動物身體的構造不同，有不同的運動方式。
130	「魚龍」是眼睛很大的海豚？	國小/自然	INb-Ⅱ-4 生物體的構造與功能是互相配合的。 INb-Ⅱ-7 動植物體的外部形態和內部構造，與其生長、行為、繁衍後代和適應環境有關。 INb-Ⅲ-6 動物的形態特徵與行為相關，動物身體的構造不同，有不同的運動方式。 INb-Ⅲ-8 生物可依其形態特徵進行分類。 INc-Ⅲ-8 在同一時期，特定區域上，相同物種所組成的群體稱為「族群」。
		國中/生物	Gc-Ⅳ-1 依據生物形態與構造的特徵，可以將生物分類。
134	在日本各地發現化石的「蛇頸龍」	國小/自然	INb-Ⅲ-8 生物可依其形態特徵進行分類。 INc-Ⅲ-8 在同一時期，特定區域上，相同物種所組成的群體稱為「族群」。
		國中/生物	Gc-Ⅳ-1 依據生物形態與構造的特徵，可以將生物分類。

138	白堊紀晚期的海中霸王「滄龍」	國小/自然	INb-Ⅱ-7 動植物體的外部形態和內部構造，與其生長、行為、繁衍後代和適應環境有關。 INb-Ⅲ-6 動物的形態特徵與行為相關，動物身體的構造不同，有不同的運動方式。 INb-Ⅲ-8 生物可依其形態特徵進行分類。 INc-Ⅲ-8 在同一時期，特定區域上，相同物種所組成的群體稱為「族群」。
		國中/生物	Gc-Ⅳ-1 依據生物形態與構造的特徵，可以將生物分類。
140	與恐龍活在同個時代的「同期生」	國小/自然	INb-Ⅱ-7 動植物體的外部形態和內部構造，與其生長、行為、繁衍後代和適應環境有關。 INb-Ⅲ-6 動物的形態特徵與行為相關，動物身體的構造不同，有不同的運動方式。 INb-Ⅲ-8 生物可依其形態特徵進行分類。 INc-Ⅲ-8 在同一時期，特定區域上，相同物種所組成的群體稱為「族群」。
		國中/生物	Gc-Ⅳ-1 依據生物形態與構造的特徵，可以將生物分類。
146	曾經充滿二氧化碳的中生代	國小/自然	INc-Ⅱ-8 不同的環境有不同的生物生存。 INe-Ⅱ-11 環境的變化會影響植物生長。 INe-Ⅲ-12 生物的分布和習性，會受環境因素的影響；環境改變也會影響生存於其中的生物種類。
		國中/跨科	INg-Ⅳ-7 溫室氣體與全球暖化的關係。 INg-Ⅳ-8 氣候變遷產生的衝擊是全球性的。
148	聖母峰的山頂有菊石化石	國中/地科	Ia-Ⅳ-3 板塊之間會相互分離或聚合，產生地震、火山和造山運動。
		國中/生物	Gb-Ⅳ-1 從地層中發現的化石，可以知道地球上曾經存在許多的生物，但有些生物已經消失了，例如：三葉蟲、恐龍等。
150	遍布各個地區並持續演化的恐龍	國中/地科	Ia-Ⅳ-3 板塊之間會相互分離或聚合，產生地震、火山和造山運動。
		國中/生物	Gb-Ⅳ-1 從地層中發現的化石，可以知道地球上曾經存在許多的生物，但有些生物已經消失了，例如：三葉蟲、恐龍等。
154	恐龍的時代在何時落幕？為什麼會結束？	國小/自然	INa-Ⅱ-6 太陽是地球能量的主要來源，提供生物的生長需要。 INa-Ⅱ-7 生物需要能量（養分）、陽光、空氣、水和土壤，維持生命、生長與活動。 INa-Ⅲ-9 植物生長所需的養分是經由光合作用從太陽光獲得的。
		國中/生物	Bd-Ⅳ-1 生態系中的能量來源是太陽，能量會經由食物鏈在不同生物間流轉。 Bc-Ⅳ-3 植物利用葉綠體進行光合作用，將二氧化碳和水轉變成醣類養分，並釋放出氧氣；養分可供植物本身及動物生長所需。 Bc-Ⅳ-4 日光、二氧化碳和水分等因素會影響光合作用的進行。
158	大滅絕事件一共發生過5次！	國中/生物	Gb-Ⅳ-1 從地層中發現的化石，可以知道地球上曾經存在許多的生物，但有些生物已經消失了，例如：三葉蟲、恐龍等。
160	無法想像！缺氧狀態下該怎麼呼吸？	國小/自然	INb-Ⅱ-7 動植物體的外部形態和內部構造，與其生長、行為、繁衍後代和適應環境有關。
162	無法想像！獸腳類是如何演化成鳥類？	國小/自然	INb-Ⅱ-7 動植物體的外部形態和內部構造，與其生長、行為、繁衍後代和適應環境有關。 INb-Ⅲ-6 動物的形態特徵與行為相關，動物身體的構造不同，有不同的運動方式。

Photograph

13	Public domain（原典：Mantell, G. 1825. "Notice on the Iguanodon, a newly discovered fossil reptile, from the sandstone of Tilgate Forest, in Sussex." In: Philosophical Transactions of the Royal Society of London 115: 179-186.）
16-17	herraez/stock.adobe.com
42-43	小林快次
131	rik/PIXTA
134-135	いわき市石炭・化石館 ほるる
144	三笠市立博物館
169	（タンバティタニス）丹波竜化石工房 ちーたんの館，（カムイサウルス）むかわ町穂別博物館

Illustration

◎キャラクターデザイン　宮川愛理

10-15	Newton Press
18	Newton Press
20-21	Masato Hattori
22-23	Newton Press・Masato Hattori
25	（リストロサウルス）Newton Press，藤井康文
27-29	藤井康文
30-33	Newton Press，（30・ヘビ）valvectors/stock.adobe.com
34-35	Masato Hattori
36-52	Newton Press，（38・体重計）Y/stock.adobe.com，（40-41）富﨑NORI，（43・ハンマー）AmethystStudio/stock.adobe.com，（51下）黒田清桐
54-88	Masato Hattori，（64・こっき）viktorijareut/stock.adobe.com，（あしあと）great19/stock.adobe.com，（74・枝）Edy/stock.adobe.com
90-120	Masato Hattori，（90・よろい）ONYXprj/stock.adobe.com，（92・ハリネズミ）nadzeya26/stock.adobe.com，（96・かぶと）mogutani/stock.adobe.com，（105・歯）Newton Press，（106 リンゴ）djvstock/stock.adobe.com，（108・カモノハシ）Shanvood/stock.adobe.com，(109・デンタルバッテリー)Newton Press，(111・自どり棒)reddeer_art/stock.adobe.com，（112・めがね）Creative studio/stock.adobe.com，（116）山本匠，（120）奥本裕志
122-123	Newton Press，（123上）風美衣，（123下）栗原樹奈
124-129	Newton Press，（126・パラシュート）ArtStyles/stock.adobe.com，（127・ベルブルンヌス）Masato Hattori
131	Newton Press，（イクチオサウルス）Masato Hattori
132-138	Masato Hattori
139	Newton Press
140-141	Masato Hattori，（つつ・サクラ）あこ/stock.adobe.com，（アンモナイト）number/stock.adobe.com
143	藤井康文
146-149	Newton Press，（148・アンモナイト）logistock/stock.adobe.com，（148・三葉虫）blueringmedia/stock.adobe.com
150-151	Newton Press，（150・丼）R-DESIGN/stock.adobe.com
152-153	比護 寛
154-157	Newton Press，（156・恐鳥）Mineo/stock.adobe.com
158-159	Newton Press・黒田清桐・藤井康文
160-161	富﨑NORI，（コエロフィシス）立花 一，（水中めがね）Alena/stock.adobe.com
162	（ニワトリ）nenilkime/stock.adobe.com，（ペンギン）matsu/stock.adobe.com
163	Newton Press，（恐竜）羽田野乃花
165	Masato Hattori
166-169	Newton Press，（恐竜）羽田野乃花，（168・恐竜の卵）Colorfuel Studio/stock.adobe.com，（168・日本地図）榊 望治/stock.adobe.com
175	Newton Press

人類
（身高170公分）

（由上至下）川街龍/重龍/梁龍/
腕龍/迷惑龍/馬門溪龍/簡棘龍/
約巴龍/阿拉莫龍/雷巴齊斯龍

175

國家圖書館出版品預行編目(CIP)資料

恐龍學校 / 日本Newton Press作；蔣詩綺翻譯. --
第一版. -- 新北市：人人出版股份有限公司, 2024.11
　　面；　　公分. -- (兒童伽利略系列；2)
ISBN 978-986-461-407-3 (平裝)

1.CST: 爬蟲類化石　2.CST: 通俗作品

359.574　　　　　　　　　　　　　　113013697

兒童伽利略❷
恐龍學校

作者／日本Newton Press

翻譯／蔣詩綺

審訂／王存立

發行人／周元白

出版者／人人出版股份有限公司

地址／231028新北市新店區寶橋路235巷6弄6號7樓

電話／(02)2918-3366（代表號）

傳真／(02)2914-0000

網址／www.jjp.com.tw

郵政劃撥帳號／16402311人人出版股份有限公司

製版印刷／長城製版印刷股份有限公司

電話／(02)2918-3366（代表號）

香港經銷商／一代匯集

電話／（852）2783-8102

第一版第一刷／2024年11月

定價／新台幣400元

港幣133元

NEWTON KAGAKU NO GAKKO SERIES KYORYU NO GAKKO
Copyright © Newton Press 2023
Chinese translation rights in complex characters arranged with
Newton Press
through Japan UNI Agency, Inc., Tokyo
www.newtonpress.co.jp

●著作權所有 翻印必究●